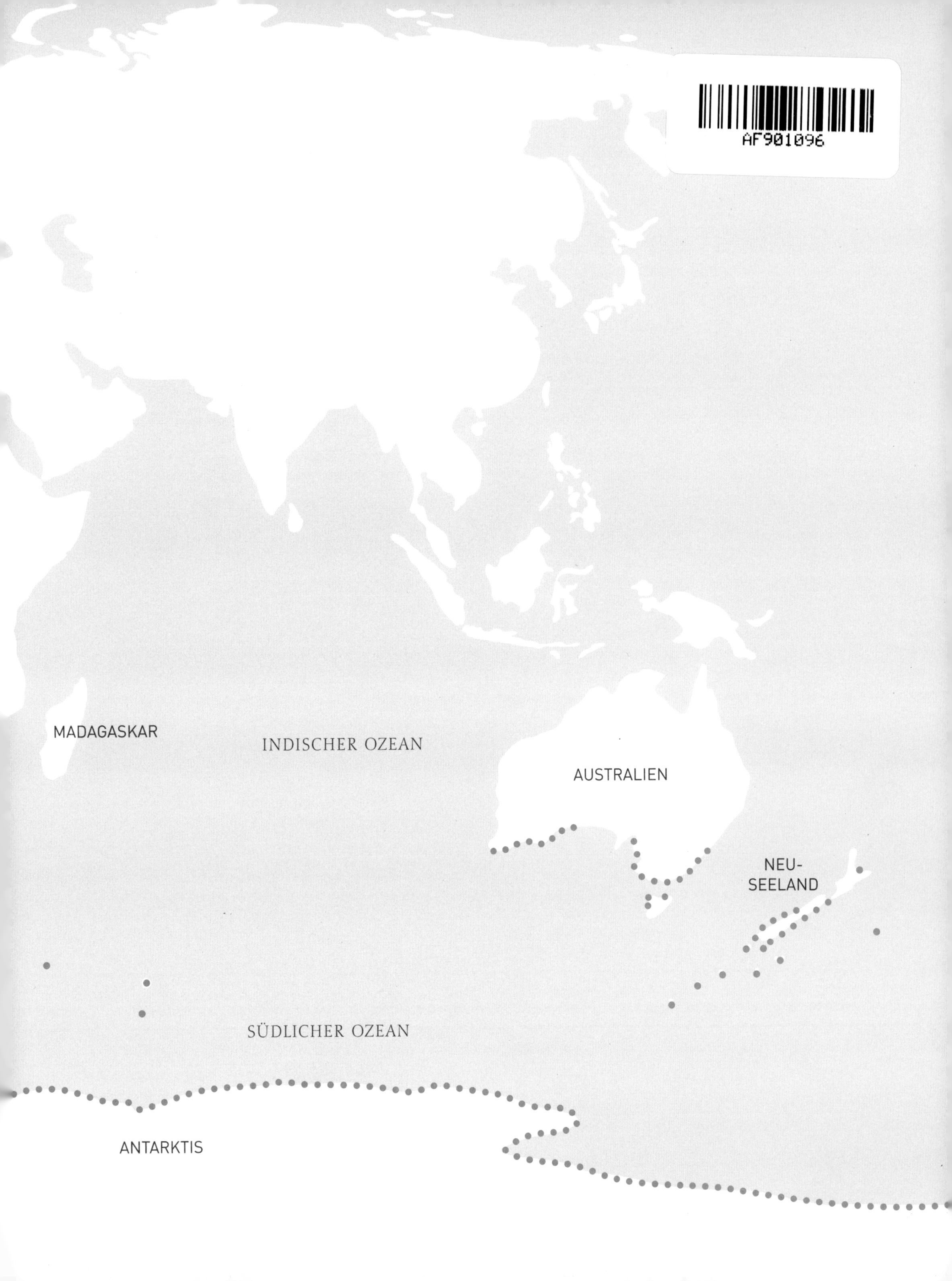
MADAGASKAR
INDISCHER OZEAN
AUSTRALIEN
NEU-
SEELAND
SÜDLICHER OZEAN
ANTARKTIS

PINGUINE

PINGUINE

LEBENSRAUM • NAHRUNG • VERHALTEN

DANIEL GILPIN

Parragon

Bath · New York · Singapore · Hong Kong · Cologne · Delhi · Melbourne

Entwurf und Realisation: Stonecastle Graphics Limited

Text: Daniel Gilpin
Layout: Sue Pressley und Paul Turner
Lektorat: Philip de Ste. Croix
Illustrationen: William Donohoe

Queen Street House
4 Queen Street
Bath BA1 1HE, UK

Übersetzung aus dem Englischen: Dr. Coralie Wink, Dossenheim
Lektorat: Christine Weidenweber, Weibersbrunn
Satz und Projektmanagement: trans texas publishing, Köln

ISBN 978-1-4075-0629-6

Printed in China

Inhalt

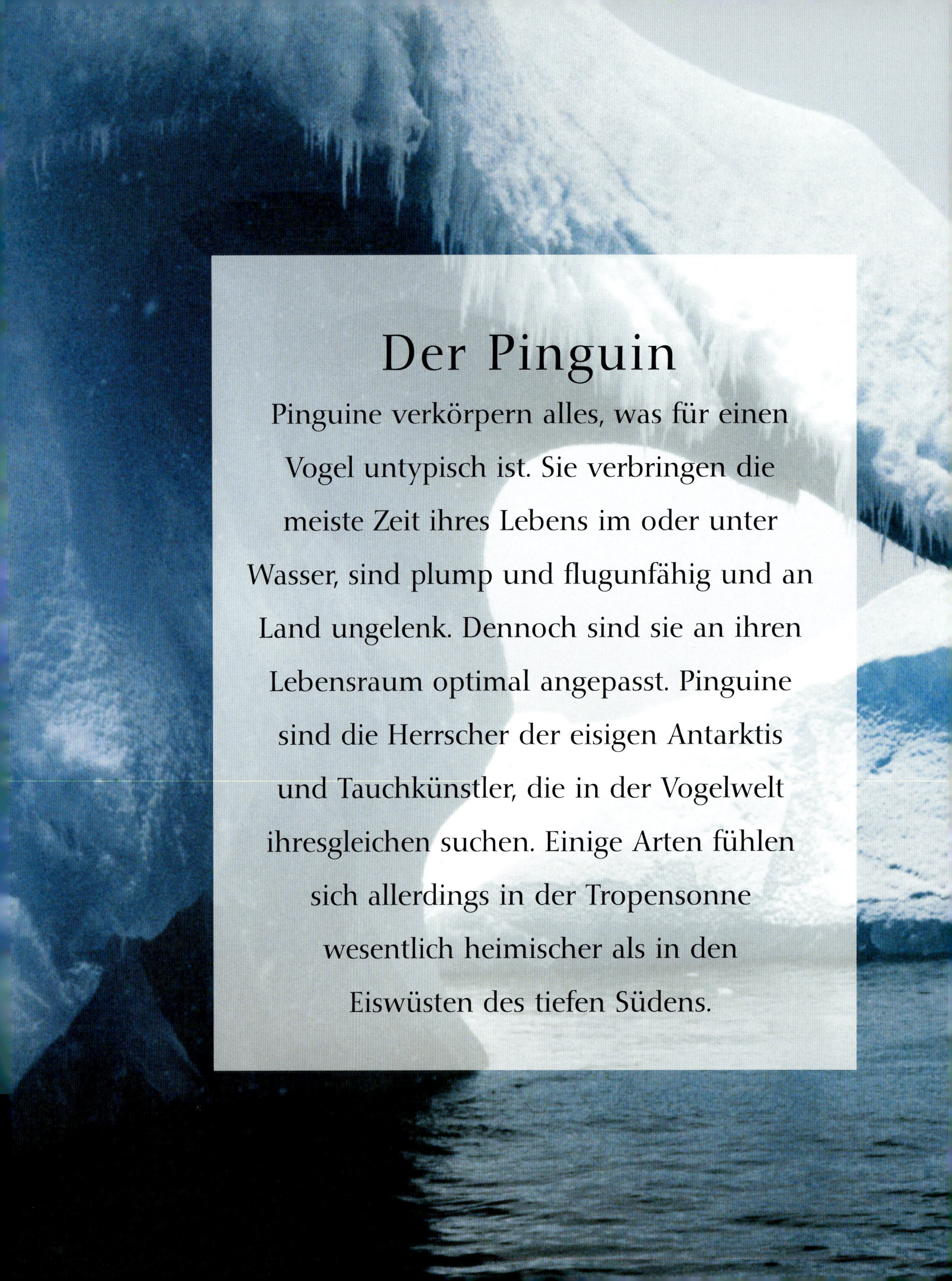

Der Pinguin

Pinguine verkörpern alles, was für einen Vogel untypisch ist. Sie verbringen die meiste Zeit ihres Lebens im oder unter Wasser, sind plump und flugunfähig und an Land ungelenk. Dennoch sind sie an ihren Lebensraum optimal angepasst. Pinguine sind die Herrscher der eisigen Antarktis und Tauchkünstler, die in der Vogelwelt ihresgleichen suchen. Einige Arten fühlen sich allerdings in der Tropensonne wesentlich heimischer als in den Eiswüsten des tiefen Südens.

Was ist ein Pinguin?

Pinguine sind Vögel, die an das Leben im Meer angepasst sind. Sie haben ihre Flugfähigkeit verloren und sich zu Schwimmkünstlern entwickelt, die mit ihrem stromlinienförmigen Körper leicht durch das Wasser gleiten. Im Gegensatz zu ihren Verwandten können Pinguine ihre Flügel nicht in der Mitte anwinkeln. Diese Gliedmaßen sind zu versteiften Paddeln geworden; die verwachsenen Flügelknochen sind eine zusätzliche Verstärkung.

Pinguine sind sehr gute und vor allem schnelle Schwimmer. Am schnellsten ist der Eselspinguin (*Pygoscelis papua*), der kurzfristig bis zu 27 km/h erreichen kann; die meisten Arten bringen es auf mehr als 24 km/h. Ihre Schwimmfüße (die Zehen sind durch Schwimmhäute verbunden) und den Schwanz nutzen sie als Steuerruder, um beim Verfolgen der Beute rasche Wendemanöver auszuführen.

Im Wasser verkörpern Pinguine Kraft und Eleganz. An Land wirken sie durch ihren watschelnden Gang manchmal fast komisch. Die Füße setzen weit hinten am Körper an, sodass sich die Vögel beim Laufen steil aufrichten müssen und dadurch unwillkürlich an „befrackte" Menschen erinnern. Im Schnee können sie aber auch auf dem Bauch schlittern und sich mit ihren klauenbewehrten Füßen abstoßen.

Die Familie der Pinguine existiert bereits seit sehr langer Zeit, die ältesten Fossilnachweise sind 55 Millionen Jahre alt. Viele Wissenschaftler glauben, dass diese Vogelfamilie noch früher entstanden ist. Unsere Art (*Homo sapiens*) existiert dagegen erst seit etwa 120 000 Jahren. Die ältesten Vorfahren des Menschen gab es vermutlich vor etwa vier Millionen Jahren.

Oben: Pinguine gehen aufrecht, da ihre Füße sehr weit hinten am Körper ansetzen. Dadurch wirken sie komisch, fast menschlich.

Rechts: Im Wasser nutzen Pinguine ihre Füße als Steuerruder. Mit ihren paddelähnlichen Flügeln können sie sich mühelos vorwärtsbewegen.

Links: Pinguine sind eng mit Albatrossen verwandt. Mancherorts wie hier auf den Falklandinseln nisten sie sogar gemeinsam. In dieser gemischten Kolonie brüten Felsenpinguine und Mollymauke.

Unten: Eisberge bieten Kehlstreifpinguinen eine sichere Rast, um sich zwischen Fischzügen im kalten Wasser des Südlichen Ozeans zu erholen.

Die nächsten lebenden Verwandten der Pinguine sind erstaunlicherweise die Albatrosse, zu denen viele der größten flugfähigen Vögel der Welt zählen. So hat der Wanderalbatross, der gemeinsam mit einigen Pinguinarten den Südlichen Ozean bevölkert, eine Flügelspannweite von bis zu 3,7 m und somit die größte aller heute lebenden Vögel. Andere Vogelarten ähneln den Pinguinen äußerlich zwar stärker, sind jedoch nicht so eng mit ihnen verwandt. Die Alken der Nordhalbkugel, also Papageitaucher, Trottellumme, Tordalk und andere, haben sich ähnlich entwickelt. Wie die Pinguine erbeuten sie Fische durch Unterwasserjagd. Es gab sogar eine fluglose Art: den im 19. Jahrhundert ausgerotteten Riesenalk.

Pinguine sind gut an kalte Witterung angepasst. Der Körper ist rundlich, die Gliedmaßen, über die Wärme verloren gehen kann, sind kurz und durch spezielle Anpassungen vor Wärmeverlust geschützt. In den Füßen liegen

Oben: Der spindelförmige Körper und das glatte Gefieder sind bei diesen Eselspinguinen gut zu erkennen.

zuführende (arterielle) und abführende (venöse) Blutgefäße nebeneinander, sodass ein Wärmeaustausch zwischen beiden möglich ist – kaltes Blut aus den Zehen wird durch warmes, aus dem Körper zufließendes Blut wieder erwärmt. Auch in den Flügeln arbeitet ein ähnliches „Gegenstromprinzip".

Die dicke Fettschicht unter der Haut dient gleichzeitig als Nahrungsreserve und als Wärmeisolierung. Auch die sehr kleinen, dicht stehenden und stark geölten Federn der Pinguine wirken isolierend; viel wichtiger ist jedoch, dass das glatte Gefieder den Widerstand im Wasser verringert. Pinguine sind so gute Schwimmer, dass sie als einzige Vögel während des Schwimmens aus dem Wasser emporschnellen können. Durch dieses „Delfinspringen" können sie Luft holen, ohne an Geschwindigkeit zu verlieren. Außerdem ist es eine Fluchttaktik, die bei Gefahr angewandt wird, denn das Manöver dient auch zur Verwirrung der Feinde.

Pinguine gehören zu den geselligsten Vögeln überhaupt; sie brüten, wandern und ziehen auch auf Nahrungssuche in großen Schwärmen. Auf dem Eis gehen sie häufig aufrecht, doch sie gleiten und robben sich auch auf dem Bauch vorwärts; dabei stoßen sie sich mit Flügeln und Füßen ab. Diese Adeliepinguine findet man meist rund um die Antarktis.

Systematik der Pinguine

Es gibt 17 verschiedene Pinguinarten, die sechs verschiedenen Gattungen (lat. Genera, Singular Genus) zugeordnet werden. Wissenschaftlich werden Lebewesen durch einen zweiteiligen lateinischen Namen klassifiziert. Der erste Namensteil gibt die Gattung an, der zweite die jeweilige Art (lat. Spezies).

Die größte und die zweitgrößte Pinguinart, Kaiser- und Königspinguin, gehören zur Gattung *Aptenodytes*. Sie unterscheiden sich von den anderen Pinguinen nicht nur durch ihre Körpergröße, sondern auch durch Schnabelfärbung und -form. Der Schnabel von Kaiser- (*Aptenodytes forsteri*) und Königspinguin (*Aptenodytes patagonicus*) ist lang und spitz mit einem orangefarbenen Längsstreifen auf dem Unterschnabel. Beide Arten besitzen außerdem einen orangegelben Wangenfleck hinter den Augen und eine gelbliche Oberbrust. Der Kaiserpinguin wiegt bis zu 38 kg bei einer Gesamtlänge von 115 cm. Der Königspinguin ist bis zu 95 cm groß, mit 16 kg wiegt er aber erheblich weniger als der Kaiserpinguin. Auch das Rückengefieder des Königspinguins ist deutlich heller als beim Kaiserpinguin.

Während der Gelbaugenpinguin (*Megadyptes antipodes*) den einzigen Vertreter der *Megadyptes* darstellt, ist der Haubenpinguin einer von sechs Arten der Gattung *Eudyptes*, den Schopfpinguinen. Diese Arten lassen sich gut anhand der beiden gelben Federschöpfe bestimmen, die wie ein großes Paar Augenbrauen wirken. Auch die schwarzen Federn auf dem Kopf von Schopfpinguinen sind länger als bei anderen Pinguinen und können bei der Balz aufgestellt werden. Zu den Schopfpinguinen gehören neben dem Haubenpinguin (*Eudyptes schlegeli*) ferner der Goldschopfpinguin (*Eudyptes chrysolophus*), der Dickschnabelpinguin (*Eudyptes pachyrhynchus*), der Felsenpinguin (*Eudyptes chrysocome*), der Snaresinselpinguin (*Eudyptes robustus*) und der Sclaterpinguin oder Kronenpinguin (*Eudyptes sclateri*).

Wahrscheinlich sind uns allen die Streifenpinguine am besten vertraut, da die Vertreter dieser Gattung am häufigsten in Zoos gehalten werden. Die Gattung *Spheniscus* umfasst vier Arten: den Brillenpinguin (*Spheniscus demersus*), den Galapagospinguin (*Spheniscus mendiculus*), den Magellanpinguin (*Spheniscus magellanicus*) und den Humboldtpinguin (*Spheniscus humboldti*). Die Streifenpinguine besitzen ein graues oder schwarzes Gesicht mit weißen „Augenbrauen", die sich bis zur Kehle ziehen, sowie ein schwarzes Brustband und gelegentlich dunkle Flecken auf der ansonsten weißen Brust.

Rechts: Der Königspinguin ist die zweitgrößte Pinguinart, nur der Kaiserpinguin ist noch größer. Beim Königspinguin ist das Rückengefieder heller als beim Kaiserpinguin, und die Wangenflecken sind stärker orange gefärbt.

Zur Gattung *Pygoscelis* gehören drei Arten: der Adeliepinguin (*Pygoscelis adeliae*), der Kehlstreifpinguin oder Zügelpinguin (*Pygoscelis antarctica*) und der Eselspinguin (*Pygoscelis papua*). Die Gattung ist auch unter der Bezeichnung Langschwanzpinguin bekannt, da er lange steife Schwanzfedern besitzt, die vom Rücken abstehen – im Gegensatz zum „ordentlichen" Stummelschwanz anderer Pinguinarten.

Auch die letzte der sechs Pinguingattungen, *Eudyptula*, umfasst nur eine Art, den Zwergpinguin (*Eudyptula minor*). Der Name besagt bereits, dass der Zwergpinguin mit nur 42 cm Größe und 1,3 kg Gewicht die kleinste Pinguinart darstellt.

Oben: Mit ihrem farbenfrohen, etwas unordentlichen Federschopf sind Schopfpinguine die Punk-Rocker der Vogelwelt. Dieser Sclaterpinguin, auch Kronenpinguin genannt, ist ein besonders prächtiges Exemplar.

Links: Der Zwergpinguin ist die kleinste Pinguinart und brütet als einzige auf dem australischen Festland. Die kleinen Tiere besitzen eine sehr kräftige Stimme. Insbesondere in den Brutkolonien wird das Durcheinander der quiekenden, schnarrenden und pfeifenden Rufe fast zur Kakophonie.

Rechts: Der Eselspinguin ist der größte unter den drei Langschwanzpinguinarten und der drittgrößte Pinguin überhaupt (nach Kaiser- und Königspinguin). Eselspinguine erkennt man an einem weißen, quer über den Scheitel reichenden Band. Sie sind die einzigen Langschwanzpinguine mit orangefarbenem Schnabel.

Unten: Im Vergleich zu anderen Pinguinen wirkt der Kaiserpinguin riesig. Besonders die Männchen legen vor der Winterzeit stark an Gewicht zu, um sich für die Hungermonate zu wappnen, in denen sie das Ei der Partnerin auf dem Eis bebrüten.

Links: Der Gelbaugenpinguin bildet eine eigene Gattung. Gleichzeitig ist er leider auch der seltenste Pinguin der Welt, mittlerweile gibt es weniger als 4000 Individuen. Diese Art kommt nur in Neuseeland und auf einigen vorgelagerten Inseln vor.

Links: Im Gegensatz zum Gelbaugenpinguin aus Neuseeland gedeiht der Bestand des Kehlstreifpinguins, der zweithäufigsten Pinguinart, prächtig – die Population dieser rund um die Antarktis verbreiteten Art geht in die Millionen.

Gegenüberliegende Seite: Der Magellanpinguin ist unter den vier Streifenpinguinarten die häufigste Art. Seine Brutgebiete liegen an der Südspitze Südamerikas. Wie alle Streifenpinguine besitzt er typische weiße „Augenbrauen" aus Federn und einen seitlich abgeflachten Schnabel.

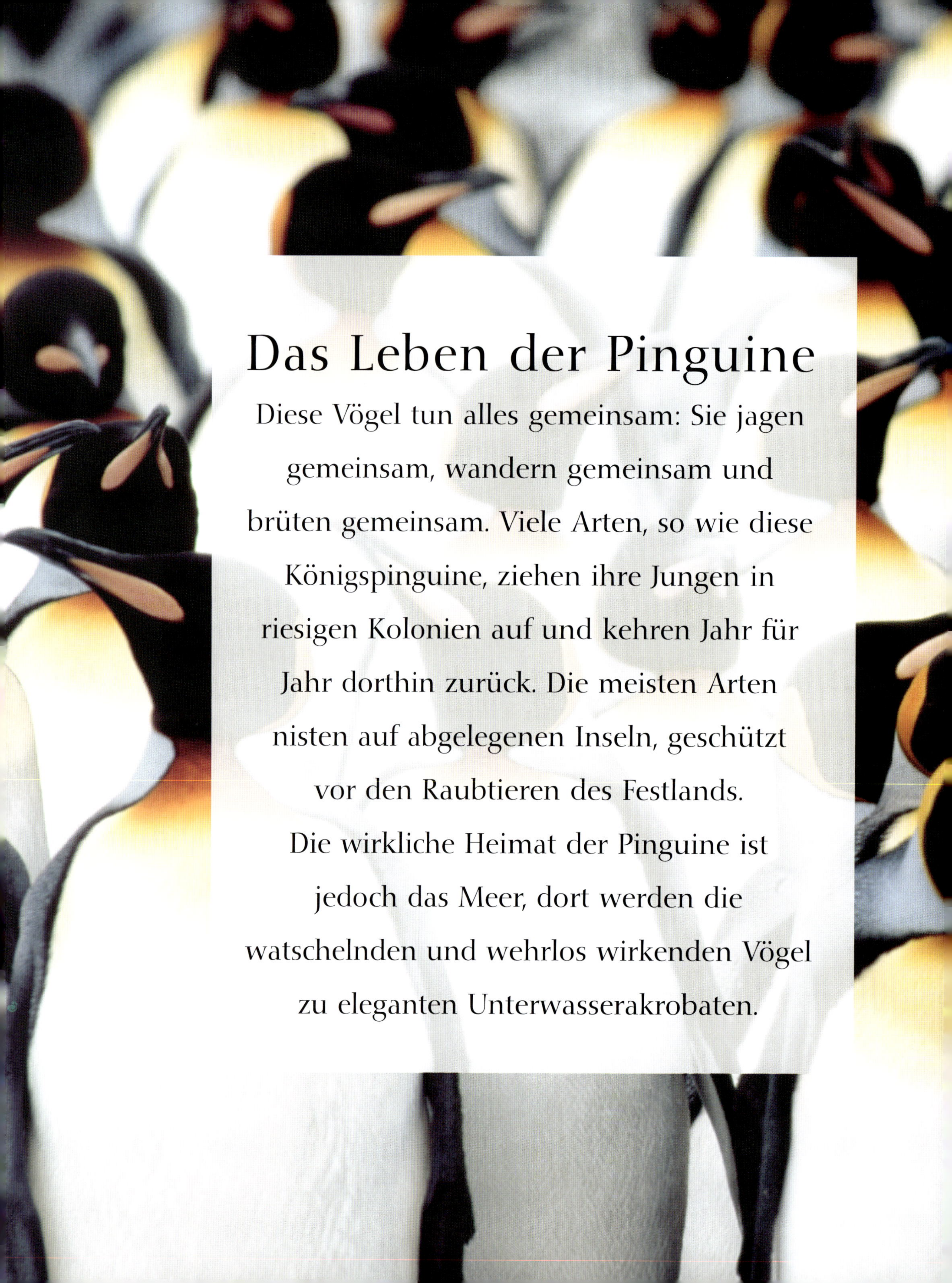

Das Leben der Pinguine

Diese Vögel tun alles gemeinsam: Sie jagen gemeinsam, wandern gemeinsam und brüten gemeinsam. Viele Arten, so wie diese Königspinguine, ziehen ihre Jungen in riesigen Kolonien auf und kehren Jahr für Jahr dorthin zurück. Die meisten Arten nisten auf abgelegenen Inseln, geschützt vor den Raubtieren des Festlands.
Die wirkliche Heimat der Pinguine ist jedoch das Meer, dort werden die watschelnden und wehrlos wirkenden Vögel zu eleganten Unterwasserakrobaten.

Nahrung und Nahrungserwerb

Als Tauchvögel finden Pinguine ihre gesamte Nahrung im Meer. Sie ernähren sich ausschließlich von drei Tiergruppen: Fischen, Tintenfischen und Krebstieren. Der jeweilige Anteil an der Beute ist abhängig sowohl vom Lebensraum als auch von unterschiedlichen Jagdmethoden.

Ein Blick auf die Beute und den Lebensraum von Pinguinen ist lohnenswert: Im Südpolarmeer rund um die Antarktis ist es teilweise schwierig, Fisch zu finden. Denn dieses Ökosystem beherbergt trotz seiner ungeheuren Größe nur 120 Fischarten – eine außerordentlich geringe Zahl, wenn man bedenkt, dass es weltweit 25 000 verschiedene Fischarten gibt. Ein Grund hierfür liegt in der Tiefe des Südlichen Ozeans. Während die Meere in unmittelbarer Nähe von Landmassen meist etwa 130 m tief sind, besitzt das Meer um die Antarktis eine Durchschnittstiefe von 500 m. Seichte Meeresgebiete, die rund um andere Küsten wichtige Areale für Jungfische darstellen, fehlen hier fast völlig. Antarktische Fische sammeln sich eher in Nähe des Meeresgrunds an oder leben in kleinen Gruppen unmittelbar unter der Eisfläche. Daher machen Fische bei den meisten antarktischen Pinguinarten nur einen geringen Teil der Nahrung aus.

Garnelenartige Krustentiere, der so genannte Krill, kommen dagegen in ungeheurer Menge in antarktischen Gewässern vor. Besonders *Euphausia superba*, der Antarktische Krill, ist wichtiger Bestandteil der antarktischen Nahrungskette. Die etwa 6 cm großen Tiere leben im offenen Ozean und bilden dichte, oft ungeheuer große Schwärme. Der größte jemals gemessene Schwarm nahm eine Fläche von 155 km^2 ein und reichte bis zu einer Tiefe von 200 m; er wurde auf etwa zehn Millionen t Gewicht und fünf Billionen (5000 Milliarden) Individuen geschätzt. Die meisten Krillschwärme sind zwar viel kleiner und erreichen im Normalfall nicht einmal 600 m^2, doch sie stellen eine unerschöpfliche Nahrungsquelle dar und ziehen Pinguine und andere Beutejäger (Prädatoren) aus weiter Entfernung an.

Krill lebt zwar im Freiwasser, vermeidet jedoch tagsüber die oberflächennahen Bereiche und steigt möglichst nachts auf, um sich von Phytoplankton (Photosynthese treibende Algen) zu ernähren, das an der Wasseroberfläche lebt. Durch diese Lebensweise ist Krill für viele luftatmende Tiere eine

Rechts: Adeliepinguine springen schnell nacheinander ins Wasser – fast wie ein aufeinander abgestimmtes Taucherteam. Sie ernähren sich hauptsächlich vom Krill, den garnelenartigen Krebstieren, die in den Gewässern des Südpolarmeers in riesigen Schwärmen leben.

unerreichbare Beute, nicht jedoch für Pinguine, die sich zu meisterhaften Tauchspezialisten entwickelt haben.

Weil sich Krill gewöhnlich außer Reichweite der flugfähigen Seevögel aufhält, sind diese im Vergleich zu Pinguinen relativ selten im Südlichen Ozean anzutreffen. Vergleicht man die Biomasse (Summe aller Körpergewichte) von Pinguinen mit der anderer Vögel in dieser Region, ergibt sich ein Verhältnis von über 65:1 zugunsten der Pinguine; das heißt, pro Kilogramm „Vogelfleisch" stammen im Südpolarmeer nur 15 g nicht von Pinguinen.

Weiter nördlich nehmen die Fischvorkommen immer stärker zu, und Krill wird immer seltener. Im Bereich der südamerikanischen und besonders der südafrikanischen Küste ernähren sich Pinguine hauptsächlich von verschiedenen Sardinenarten und Sardellen, die dort riesige Schwärme bilden. Auch die Galapagospinguine leben vorwiegend von Fisch und jagen kleine schwarmbildende Fische wie Sardinen und Meeräschen.

Die meisten Pinguine erbeuten gelegentlich auch Tintenfische, doch nur Königs- und Kaiserpinguine haben sich auf die Tintenfischjagd spezialisiert. Sie sind die besten Tauchkünstler und erreichen auch tiefe Meeresbereiche,

Rechts: Der Königspinguin ist ein Tiefwasserspezialist, der sich vorwiegend von Tintenfischen ernährt. In Anpassung an die etwas größere Beute ist sein Schnabel länger als bei den meisten anderen Pinguinarten.

Gegenüberliegende Seite: Magellanpinguine ziehen im Winter nach Norden und folgen den Wanderungen der Fischschwärme, die ihre Nahrungsgrundlage bilden. Einige, die an der südchilenischen Pazifikküste brüten, ziehen dabei zum Teil bis nach Peru.

Unten: Brillenpinguine brüten ganzjährig und entfernen sich selten von ihren Kolonien. Wie alle Pinguine bilden sie zum gegenseitigen Schutz Gruppen, wenn sie sich ins oder aus dem Wasser begeben.

in denen Tintenfischschwärme vorkommen. Nachweislich tauchen Königspinguine bei der Nahrungssuche bis zu 325 m tief, Kaiserpinguine oft sogar noch tiefer: Ein mit einem Sender markierter Vogel erreichte die Rekord-Tauchtiefe von 565 m – der tiefste Tauchgang, der je bei einem Vogel aufgezeichnet wurde. Kaiserpinguine können bis zu 18 Minuten unter Wasser bleiben. Dieses bewerkstelligen sie durch eine verminderte Herzschlagfrequenz und eine geringere Durchblutung in Körperbereichen, die nicht unbedingt mit Blut versorgt werden müssen. Bei allen Pinguinen ist das Blut sehr reich an Hämoglobin, dem für den Sauerstofftransport verantwortlichen Blutfarbstoff der roten Blutkörperchen. Bei Pinguinen enthält das Muskelgewebe, das den höchsten Sauerstoffbedarf während des Tauchgangs hat, außerdem hohe Myoglobinkonzentrationen. Ähnlich wie Hämoglobin bindet auch Myoglobin Sauerstoff, der bei Bedarf abgegeben wird. Bei der Atmung wird der Sauerstoffvorrat wieder aufgefüllt.

Pinguine legen ihre Eier an Land (Kaiserpinguine auf dem Eis) und ziehen dort ihre Jungen auf. Außerdem verbringen sie jedes Jahr zwei bis sechs Wochen an Land, wenn das neue Gefieder während der Mauser nachwächst und das alte abgenutzte Federkleid ersetzt. Ein Großteil ihres Lebens – bei einigen Arten bis zu 75 % ihrer Lebenszeit – verbringen Pinguine jedoch auf See. Wenn die Tiere nicht mit der Nahrungssuche beschäftigt sind, ziehen sie auf der Suche nach neuen Futtergründen umher oder ruhen auf der Wasseroberfläche.

Immer noch gibt das Leben der Pinguine Rätsel auf. Es konnte noch nicht genau erforscht werden, wie sie Fischschwärme und andere Nahrung im Freiwasser orten und wie sie den Weg von und zu ihren Brutkolonien finden.

Einige Pinguinarten verschwinden tatsächlich für einen Teil des Jahres, und niemand weiß wirklich, wohin sie außerhalb der Brutzeit ziehen.

Bekannt ist, dass Kaiserpinguine am weitesten von allen Arten wandern und oft monatelang auf See bleiben; in dieser Zeit entfernen sie sich bis zu 1500 km von ihren Brutgebieten. Königspinguine halten sich gewöhnlich in einem 500-Kilometer-Radius um ihre Nistplätze auf, kleinere Pinguinarten bleiben meist in der Nähe vom Festland. Während der Jungtierfütterung unternehmen alle Arten nur relativ kurze Streifzüge und entfernen sich selten länger als ein paar Tage von der Kolonie. Auf diesen Streifzügen können sie bis zu 50 km zurücklegen. Pinguinarten, die gewöhnlich dicht vor der Küste jagen, wie Gelbaugen- und Eselspinguine, kehren meist binnen zwölf Stunden von der Nahrungssuche zurück.

Das Futter für die Jungtiere wird nicht im Schnabel zurückgetragen, sondern verschluckt und im Magen transportiert. Bei der Rückkehr wird die halbverdaute Nahrung für die Jungen wieder hochgewürgt.

Zur Nahrungssuche verlassen sich Pinguine vorwiegend auf ihre Augen. Für Arten, die relativ nah unter der Wasseroberfläche jagen, scheint dies kein Problem zu sein, doch seit langem rätseln Wissenschaftler, wie Pinguine ihre Beute im Tiefwasser verfolgen oder nachts jagen, wie es einige Kehlstreifpinguine und Goldschopfpinguine tun. Die Lösung liegt anscheinend in

Links: Viele Pinguinarten, hier zum Beispiel Eselspinguine, reiten auf den brechenden Wellen, wenn sie auf flache Strände zurückkehren.

Oben: Pinguinküken stimulieren ihre Elternvögel, damit diese Nahrung hochwürgen. Viele Nestlinge wachsen schnell und müssen häufig gefüttert werden.

Links: Unter Wasser sind Pinguine flinke und geschickte Jäger. Durch ihren beweglichen Hals können sie den schnellsten Kehrtwendungen der fliehenden Beute folgen. Dieser Brillenpinguin besitzt den kurzen, abgeflachten Schnabel von Arten, die auf Fischfang spezialisiert sind.

der Natur ihrer Beute: Die meisten Tintenfische, Fische und Krill, die nachts oder in der Tiefsee gejagt werden, besitzen Leuchtorgane oder leuchtende Körperflecken. Sie erzeugen ihr eigenes Licht, um miteinander im Dunkeln zu kommunizieren, ziehen dabei aber unwissentlich Räuber an.

Pinguine können unter Wasser schlucken, was für Vögel ungewöhnlich ist. Das gibt ihnen die Möglichkeit, pro Tauchgang mehr als ein Beutetier zu fangen. Für Vögel, die sich von Schwarmtieren ernähren, ist das wichtig, insbesondere, wenn sie zur Nahrungssuche tief hinuntertauchen müssen. Mit der Beute wird auch Meerwasser verschluckt und gleichzeitig beträchtliche Salzmengen. Diese werden über Salzdrüsen, die über dem Auge unter der Haut sitzen und in die Nasengänge münden, ausgeschieden.

Fische und Tintenfische sind nicht einfach zu erbeuten, doch Pinguine sind hervorragende Jäger. Neben ihren blitzschnellen Wendemanövern sind sie außerdem in der Lage, den Kopf derart zu verdrehen, dass die Beute selbst bei plötzlichem Richtungswechsel geschnappt wird. Beim schnellen Schwimmen ziehen Pinguine den Kopf in die Schultern ein, doch bei der Jagd kommt der bewegliche Hals zu vollem Einsatz.

Pinguine greifen ihre Beute meist von unten her an. Das liegt teilweise daran, dass sich die Beute als Silhouette besser gegen von oben einfallendes Licht abhebt, teilweise aber auch daran, dass die Beute nicht in tieferes Wasser entkommen kann, wo eine Verfolgung vielleicht unmöglich wäre. Unter diesem Aspekt lässt sich auch die Färbung der Vögel besser erklären: Dank des dunklen Rückens ist der unterhalb schwimmende Pinguin für die Beute schlechter auszumachen. Der helle Bauch dagegen ist von unten nicht gut zu erkennen und bietet Schutz vor Feinden, die aus der Tiefe kommen. Diese Art der Färbung wird als Gegenschattierung (Counter-Shading) bezeichnet und ist bei Meerestieren und auch bei anderen Seevögeln häufig.

Oben: Zwischen den einzelnen Tauchgängen ruhen sich Pinguine, Kopf und Rücken über dem Wasser, schwimmend aus. Sobald sie nicht mehr mit den Flügeln schlagen, gelangen sie von selbst zur Wasseroberfläche. Das Tauchen ist kräftezehrend, doch in den Ruhepausen kehren die Kräfte rasch zurück.

Gegenüberliegende Seite: Kaiserpinguine ziehen ihre Jungen manchmal in großer Entfernung vom Meer auf. Da steht eine lange Wanderung an, bevor überhaupt der Beutefang beginnen kann. Häufig schlittern die Vögel auf dem Bauch über das Eis, um den langen Weg etwas schneller zu bewältigen.

Brut und Jungenaufzucht

Die meisten Pinguinarten brüten einmal jährlich. Der genaue Zeitpunkt und das Verhalten sind zwar je nach Art verschieden, doch allgemein kehren die Männchen als Erste im Spätfrühling in die Brutkolonien zurück, wo sie das Nest des Vorjahrs in Ordnung bringen oder ein neues bauen. Da Pinguine flugunfähig sind und in karger Umgebung leben, sind die Nester meist einfach konstruiert und aus dem verfügbaren Nistmaterial gebaut. Einige Arten wie die Adeliepinguine verwenden Kieselsteine, andere Gras. Viele nisten in offenen Bodenmulden oder graben Höhlen dort, wo der Untergrund weich genug ist. Die Männchen von Kaiser- und Königspinguin bauen überhaupt keine Nester, sondern bebrüten das Ei auf dem Fußrücken.

Sobald das Männchen einen Nistplatz besetzt hat, macht es dies durch lautes Rufen bekannt. Es gibt vermutlich im Vogelreich kaum Rufe, die weniger melodiös sind – der Lärm in einer Kolonie rufender Pinguinmännchen ist schon mit einem Feld voller schreiender Esel oder einem Geschwader quietschender Schubkarren verglichen worden!

Jede Pinguinart hat ihre eigenen Rufe, die den Weibchen, die ein paar Tage nach den Männchen in der Brutkolonie ankommen, wichtige Informationen liefern. Die Rufe helfen ihnen bei der Partnerwahl, wobei nicht geklärt ist, wonach sie in diesem Durcheinander von Tönen suchen. Interessanterweise wählen die meisten jedoch schließlich die Männchen, mit denen sie im Vorjahr verpaart waren. Bei erstmals brütenden Pinguinen fand man jedoch heraus, dass hier die Weibchen bevorzugt Männchen mit tieferen Stimmen wählen, die generell schwerer als ihre Rivalen sind und daher besser in der Lage, ausreichend Nahrung für die Küken zu beschaffen und das Nest vor Eindringlingen zu schützen.

Sobald sich die Paare gebildet haben, wird die Paarbindung durch Balzrituale gefestigt. Als Einzelvögel sind Pinguine recht aggressiv, das Balzverhalten soll dagegen möglichst wenig bedrohlich erscheinen: Die Vögel verstecken den Schnabel, bieten leicht verletzbare Körperteile dar und führen ausgiebige Beschwichtigungsgesten, zum Beispiel Verbeugungen, vor. Pinguinpaare rufen auch gemeinsam, und viele putzen sich gegenseitig das Gefieder. Sobald die Paarbindung gefestigt ist, vervollkommnen sie

Rechts: Adeliepinguine nisten weiter südlich als alle anderen Arten; im Frühling folgen sie der zurückweichenden Eisdecke bis zu ihrer südlichen Grenze. Nach der Paarung der Elternvögel vergehen keine fünf Monate, bis die Jungen flügge sind und die Kolonie verlassen, bevor das Meereis zurückkehrt.

Links: Ein Paar Eselspinguine begrüßt sich bei der Brutablösung. Durch ihre Rufe wird der Paarzusammenhalt gestärkt. Bei Eselspinguinen werden die Eier etwa 34 Tage lang bebrütet.

Gegenüberliegende Seite: Brillenpinguine nutzen alles verfügbare Material zum Nestbau. Hier werden Stöcke eingetragen. Diese Pinguine nisten in Höhlen, teilweise auch in Bodenmulden, die durch Felsblöcke oder Gebüsch geschützt sind.

zusammen das Nest, dabei werden häufig Kieselsteine und anderes Material von unbewachten Nachbarnestern „gestohlen". Oft bleibt der Diebstahl unbemerkt, wird ein Tier erwischt, kann es aber zu Kämpfen kommen, die allerdings selten ernsthaft sind.

Die meisten bodenbrütenden Arten wie Kehlstreifpinguine bauen ihre Nester so, dass diese gerade außerhalb der Schnabelreichweite der Nachbarvögel sind. Die höhlenbrütenden Arten wie Magellanpinguine haben etwas mehr Privatsphäre, nisten aber auch in relativ enger Nachbarschaft. Die Brutkolonien werden immer wieder aufgesucht und können über Jahrhunderte bestehen. Durch Radiokohlenstoff-Datierung konnte man nachweisen, dass einige Kolonien der Adeliepinguine seit über 4000 Jahren besetzt sind.

Hauptsächlich findet die Brut in küstennahen Kolonien statt, einige Arten brüten allerdings tiefer im Binnenland. Die Gelbaugenpinguine in Neuseeland watscheln zum Beispiel quer über den Strand bis in die Wälder, um in Höhlen unter Baumwurzeln zu brüten. Auf Südgeorgien im Osten der Falklandinseln müssen die Goldschopfpinguine eineinhalb Stunden bergan steigen, bis sie ihre Kolonie erreichen. Die Kehlstreifpinguine auf der Deception-Insel an der Nordspitze der Antarktischen Halbinsel müssen sogar weite Lavafelder mit reißenden Schmelzwasserbächen durchqueren, um zur Kolonie zu gelangen. Der obere Teil der Kolonie befindet sich häufig in den Wolken und liegt mehr als 400 m über dem Meeresspiegel.

Adeliepinguine und Kaiserpinguine müssen die längsten Reisen auf sich nehmen, um zu ihren Brutplätzen zu gelangen, und kilometerweit über das

Gegenüberliegende Seite: Felsenpinguine kehren Jahr für Jahr zum selben Nistplatz zurück, die Nester werden vor dem Brutbeginn gesäubert und ausgebessert. Die Ausdehnung der Brutgebiete dieser Art ist enorm; die Kolonien liegen rund um die gesamte Subantarktis und reichen von der Spitze Südamerikas bis zu den Inseln südlich von Australien und Neuseeland.

Meereis wandern. Wenn der antarktische Frühling in den Sommer übergeht, schmilzt das Eis langsam ab, und das Wasser ist ganz nahe, wenn die Jungvögel groß genug sind, um ihre ersten Ausflüge ins Südpolarmeer zu machen.

Wenige Tage nach der Paarung legen die Pinguinweibchen ihre Eier ab. Die meisten Arten legen zwei Eier, Königs- und Kaiserpinguine jeweils nur ein Ei. Die Bebrütung dauert etwa ein bis zwei Monate, je nach Größe der Arten – beim Zwergpinguin dauert es etwa 33 Tage bis zum Schlüpfen, dagegen bebrüten Kaiserpinguine ihr Ei 64 Tage lang. Die Elternvögel wechseln sich beim Brüten ab – bis auf Kaiserpinguine, bei denen nur das Männchen das Ei bebrütet.

Pinguineier haben besonders dicke Schalen, dadurch wird jedoch das Schlüpfen zu einer schwierigen Sache. Die Eltern helfen nicht beim Schlüpfen. Manchmal dauert es Stunden, bevor das Küken mit seinem Eizahn, einem kurzen, scharfen Höcker auf dem Oberschnabel, einen Riss in die Eischale brechen kann. Insgesamt können bis zu drei Tage vergehen, bis die Eischale geöffnet ist, das Küken schlüpfen kann und der Eizahn abfällt.

Normalerweise wird das Küken von beiden Eltern gefüttert. Während ein Partner auf Fischfang unterwegs ist, bleibt der andere bei Nest und Küken. Aber auch hier gibt es Ausnahmen: Bei den Schopfpinguinen bleibt das Männchen am Nest und bewacht die Jungen, während nur das Weibchen Nahrung aus dem Meer bringt. Und wie wir später sehen werden, haben Kaiserpinguine ein einzigartiges System entwickelt.

Die meisten Pinguinarten legen zwar zwei Eier, häufig können sie aber nur ein Küken, manchmal gar keins erfolgreich aufziehen. In der Nähe von Pinguinkolonien halten sich immer Eierräuber wie Möwen, Raubmöwen und andere Vögel auf, die sich auf unbewachte Nester stürzen. Auch unbeaufsichtigte kleine Küken sind leichte Beute; manchmal werden Küken und Gelege auch auf Stränden zerdrückt, die gleichzeitig von Südlichen See-Elefanten bewohnt werden.

Die größte Gefahr für alle Pinguinküken ist jedoch das Verhungern. In Jahren mit reichlichem Nahrungsangebot können die meisten Paare zwei Junge erfolgreich aufziehen. In schlechten Jahren überlebt häufig jedoch nur das Küken, das zuerst schlüpft. Das jüngere Geschwister kann oft nicht mit

Oben: Der Kehlstreifpinguin gehört zu den vier Arten, die auf dem antarktischen Festland leben. Die einfachen Nester bestehen aus Steinen; häufig wird Material vom Nachbarn „geklaut".

Oben: Der Gelbaugenpinguin gräbt seine Nisthöhlen unter Baumwurzeln in den dichten Küstenwäldern Neuseelands. Wegen seiner lauten Rufe haben die Maori ihn *Hoiho* getauft, was so viel wie Schreihals bedeutet.

Gegenüberliegende Seite: Bei Pinguinen denkt man meist an Schnee und Eis, doch Brillenpinguine brüten in subtropischer Umgebung; oft liegen wunderschöne weiße Sandstrände zwischen Kolonie und Meer.

dem älteren mithalten; bei der Fütterung wird es beiseitegeschoben und verhungert allmählich.

Pinguinküken sind beim Schlüpfen mit einem dichten Dunenkleid bedeckt und haben geschlossene Augen. Die Augen öffnen sich nach drei oder vier Tagen, doch das Dunenkleid bleibt wochen- oder sogar monatelang erhalten. In den ersten Lebenswochen wird das Junge von den Eltern sorgfältig bewacht. Da die jungen Pinguine jedoch rasch wachsen, können sie sich bald selbst gegen die meisten räuberischen Vögel verteidigen. Kleinere Pinguinarten erreichen die Größe der Erwachsenen am schnellsten, so können Zwergpinguine bereits mit 15 Tagen unbewacht am Nest bleiben. Die meisten Pinguine werden jedoch mindestens bis zum Alter von vier Wochen von den Eltern beschützt.

Sobald die Jungvögel groß genug sind, um sich ohne die Aufsicht der Eltern zu behaupten, verbringen die bedunten Jungvögel der meisten Arten ihre Zeit dicht zusammengedrängt in sogenannten Kindergärten. In der Gruppe sind sie hier einerseits sicherer vor räuberischen Vögeln, andererseits spenden sie sich bei kalter Witterung gegenseitig Wärme.

Rechts: Königspinguine bilden große Kolonien, in denen mehrere Tausend Vögel leben können. Sobald die flaumigen braunen Jungvögel eine bestimmte Größe haben, schließen sie sich zu Kindergärten zusammen, während die Altvögel im Meer nach Nahrung suchen.

Gegenüberliegende Seite: Königspinguine bebrüten ihr Ei auf den Füßen. Männchen und Weibchen wechseln sich beim Brüten ab und übergeben das Ei, wenn der Partner vom Meer zurückkehrt.

Oben: Pinguinkolonien müssen sich mit zahlreichen räuberischen Vögeln abfinden. Hier versucht ein Königspinguin, einen Braunen Skua zu vertreiben, der es auf das Ei abgesehen hat.

Die Jungvögel der in Höhlen und Spalten brütenden Arten bilden keine Kindergärten, sondern warten am schützenden Nesteingang auf ihre Eltern.

Jetzt können beide Eltern gleichzeitig jagen, da sie keine Wächterpflichten mehr haben; dies ist wichtig, damit die wachsenden Jungvögel genügend Futter bekommen. Diese Phase der Jugendentwicklung dauert am längsten und kann wie beim Zwergpinguin etwa einen Monat oder wie beim Königspinguin über ein Jahr anhalten.

Mit dieser langen Elternabhängigkeit bilden die jungen Königspinguine eine Ausnahme. Die meisten Pinguine, sogar junge Kaiserpinguine, sind im Alter von vier bis fünf Monaten in der Lage, zum Meer zu ziehen und sich selbst zu versorgen. Die verlängerte Kindheitsphase der Königspinguine ist jedoch keineswegs einfach. Da es ein Jahr bis zum Flüggewerden dauert, müssen die Küken einen Winter an Land überstehen – dies stellt bei der südlichen Lage ihrer Brutinseln eine der extremsten Herausforderungen dar, die Tiere jemals gemeistert haben.

Im Herbst legen junge Königspinguine enorme Fettreserven an und behalten gleichzeitig ihr mittlerweile zerzaustes, jedoch dichtes Dunenkleid. Beides hilft ihnen beim Überwintern in eiskalter Umgebung, während die Eltern sich meist auf dem Meer aufhalten. Das Fett dient vor allem als Nahrungsreserve, damit die Jungvögel überleben, denn sie werden im Winter, wenn das Futter knapp ist, nur vier- bis fünfmal von den Eltern versorgt. Einige werden überhaupt nicht gefüttert und müssen daher bis zum Frühling fasten.

Doch die Jugend der Königspinguinküken erscheint gar nicht so hart, wenn man sie mit den Entbehrungen der Kaiserpinguinmännchen vergleicht: Diese verbringen den gesamten Winter auf dem antarktischen Kontinent und müssen heulende Schneestürme mit Windgeschwindigkeiten bis zu 220 km/h und Tiefsttemperaturen von −60 °C überstehen. Sie nehmen außerdem in dieser Zeit keinerlei Nahrung zu sich, und nur Mond, Sterne und Aurora Australis (Südlicht) bringen etwas Helligkeit in die antarktische Nacht.

Kaiserpinguine sind zu groß, um Brut und Jungenaufzucht in einem kurzen Antarktissommer zu bewerkstelligen. Aus diesem Grund finden Paarbildung und Begattung im Herbst statt, wenn die meisten anderen Vögel die Antarktis verlassen. Die Balz ist relativ kurz, und die Weibchen wählen häufig jedes Jahr einen anderen Partner – anders als bei den meisten Pinguinen.

Nach der Eiablage übergibt das Weibchen dem Männchen das Ei und macht sich auf den Weg zum Meer. Das Männchen bebrütet das Ei alleine: Es wird auf den Füßen getragen, an der Bauchhaut gewärmt und durch die darüberhängende Bauchfalte vor Kälte geschützt. Wenn das Küken nach zwei

Gegenüberliegende Seite: Kaiserpinguine bebrüten ihr Ei wie die Königspinguine auf den Füßen und schützen auch das Junge so lange wie möglich in der „Bruttasche". Dieser Altvogel hebt seine Füße an, um so viel Körperwärme wie möglich zu bewahren und gleichzeitig das Auskühlen des Kükens zu verhindern.

Unten: Kaiserpinguinküken verlieren ihr flauschiges Dunenkleid erst, wenn sie so groß wie die Altvögel sind. Die Jungvögel müssen bis zum Flüggewerden von ihren Eltern mit Nahrung versorgt werden.

Monaten schlüpft, wird es vom Männchen bis zur Rückkehr des Weibchens mit einer im Magen gebildeten und hochgewürgten Flüssigkeit gefüttert.

Während der Brutzeit im antarktischen Winter verlieren die Männchen bis zur Hälfte ihres Gewichts. Wenn die Weibchen schließlich zurückkehren, machen sich die Männchen auf den Weg über das Eis, um Nahrung für sich selbst zu suchen und mit Futter zurückzukehren. Anschließend wechseln die Partner sich beim Hudern (Wärmen des Kükens) und der Futtersuche ab.

Es erscheint fast wie ein Wunder, dass Kaiserpinguinmännchen den Winter überhaupt überleben können. Keine andere Tierart hält eine so lange Periode bei derart kalter Witterung und zudem ohne Nahrung aus! Dies ist nur möglich, weil die Vögel sich ganz eng aneinanderdrängen, um jeglichen Wärmeverlust zu verhindern; alle Vögel wechseln sich dabei auf der Außenseite der Gruppe ab. Ein einzelner Kaiserpinguin nimmt bei dieser Kälte pro Tag 300 g ab, in der Gruppe verliert er dagegen nur etwa 100 g pro Tag. Daher ist es lebenswichtig, dass alle Vögel abwechselnd auch auf der Wetterseite der Gruppe stehen, damit alle Gruppenmitglieder überleben können – denn je größer die Gruppe, desto geringer der Wärmeverlust.

Die Kaiserpinguinküken wachsen rasch; bis zum Sommer sind sie vollständig flügge und begeben sich ins Meer, um selbst nach Futter zu jagen.

Links: Das Kaiserpinguinweibchen legt nur ein Ei pro Jahr. Beide Elternvögel müssen sich sehr anstrengen, um genügend Futter für das Junge herbeizuschaffen, das im kurzen antarktischen Sommer erwachsen werden muss. Während der Nahrungssuche entfernen sich die Eltern manchmal viele Hundert Kilometer weit von der Kolonie.

Rechts: Eselspinguine können unter günstigen Bedingungen in einer Brutperiode zwei Junge erfolgreich aufziehen. Die beiden Eier werden zwar mit vier Tagen Abstand gelegt, doch zwischen dem Schlüpfen liegen nur 24 Stunden.

Kaiserpinguinküken sammeln sich in Kindergärten, wenn sie noch recht jung sind. Sie dienen als Schutz vor Feinden, noch wichtiger ist jedoch die Möglichkeit, sich gegenseitig zu wärmen.

Pinguine und ihre Lebensräume

Das Zuhause der Pinguine ist das Meer, sie verbringen die meiste Zeit ihres Lebens im Wasser. Sie sind beheimatet in Regionen, wo die Meere aufgrund ihrer geografischen Lage kalt sind oder weil sie von kalten Meeresströmungen gespeist werden. Sogar Galapagospinguine, die nur wenig südlich des Äquators heimisch sind, schwimmen und jagen in Gewässern, die wesentlich kälter sind als die umgebende Luft. Dieses kühle, nährstoffreiche Meerwasser steigt aus der Tiefe empor und wird durch den Cromwell-Strom an den Galapagosinseln vorbeigeführt.

Pinguine jagen meist in Küstennähe, denn ihre Beute – Krill, Tintenfische und kleine Fische – ist in der Regel in der Nähe des Kontinentalschelfs konzentriert und nicht in den nährstoffärmeren Gewässern der Hochsee.

Im Gegensatz zu anderen Vögeln besitzen Pinguine feste, schwere Knochen, die wie ein eingebauter Bleigurt wirken, der die Tiere unter Wasser hält. Während die meisten Seevögel auf den Wellen „reiten", liegen Pinguine tiefer, und nur der Kopf ist sichtbar. Der Pinguinkörper hat einen positiven Auftrieb, der allerdings nur sehr gering ist.

Obwohl die meisten Pinguine beim Beutefang sehr tief tauchen können, halten sie sich in der Regel im obersten Gewässerbereich auf. Bei ihren Wanderungen auf Nahrungssuche oder zu den Brutgebieten schwimmen sie unmittelbar unter der Wasseroberfläche und springen nur ab und zu zum Atemholen hoch.

Pinguine schwimmen nicht immer aktiv, sondern ruhen sich zwischen Tauchgängen auch auf dem Wasser aus, gelegentlich schlafen sie sogar so.

Mit Sicherheit ist das Leben der Pinguine auf See viel komplexer, als wir bisher wissen, denn in diesem Lebensraum wurden sie häufig nur für kurze Zeit beobachtet. Nur wenige Forscher sind Pinguinen auf dem Meer gefolgt und haben ihr Verhalten dort eingehend untersucht.

Dank der modernen Technik ist es aber möglich geworden, Tiere mit Sendern zu versehen und über Satelliten zu verfolgen – so wissen wir zumindest, wohin Pinguine ziehen, und erhalten Informationen darüber, wie lange zum Beispiel ein einzelner Tauchgang dauert. Mittlerweile ist auch bekannt, wie weit die meisten Arten ziehen, wenn sie sich außerhalb der Brutzeit auf Nahrungssuche begeben.

Rechts: Sogar starker Seegang kann Pinguinen wenig anhaben. Der rundliche Körper ist erstaunlich widerstandsfähig – ein Glück, da die Vögel beim Verlassen des Wassers häufig gegen Felsen geworfen werden.

Oben: Pinguine sind perfekt an das Leben im Meer angepasst. Beim „Delfinspringen" schnellen die Vögel flach über die Wasseroberfläche, um Atem zu holen und gleichzeitig Energie zu sparen; da Luft einen geringeren Widerstand als Wasser hat, können sie sich in diesem Medium leichter fortbewegen.

Zwar ist über das Leben der Pinguine auf dem Meer wenig bekannt, doch ihr Leben an Land und in der Brutkolonie wurde ausführlich erforscht. Da die Vögel flugunfähig und selten menschenscheu sind, lassen sie sich besonders gut beobachten.

Pinguine kommen weltweit nur auf der Südhalbkugel vor, ihre Brutstätten liegen jedoch an den Küsten von vier verschiedenen Kontinenten. Auch auf zahlreichen Inseln, viele davon rund um die Antarktis, manche sogar wesentlich weiter im Norden, befinden sich Kolonien.

Die meisten Menschen glauben, Pinguine brüten inmitten von Schnee und Eis. Erstaunlicherweise findet man die meisten Brutgebiete in Gegenden, deren Temperaturen deutlich über dem Gefrierpunkt liegen – Brillenpinguine brüten sogar an Stränden, die zum Sonnenbaden einladen!

Rechts oben: Ein dunkler Rücken und heller Bauch bieten Pinguinen im Wasser eine Tarnung gegenüber Räubern und Beute. Diese Färbung ist bei Meeressäugern und Seevögeln verbreitet und findet sich auch bei Fischen häufig.

Adelie- und Kaiserpinguine brüten am weitesten südlich. Nach einem Winter auf dem Meer kehren die Adeliepinguine im Oktober zu ihren Kolonien zurück, die hauptsächlich auf dem antarktischen Kontinent liegen. Die Vögel brüten zwar auf dem kältesten Erdteil der Welt, doch statt verschneiter Küstenabschnitte bevorzugen sie Felsgebiete, wo sie leicht erhöhte Nester aus kleinen Steinen und Kieseln bauen. Da der antarktische Sommer kurz ist, müssen Adeliepinguine ihre Küken rasch aufziehen. Sie verbringen nur vier oder fünf Monate pro Jahr am Brutplatz, deutlich weniger als andere Arten.

Wie bereits erwähnt, umgehen Kaiserpinguine diese Problematik, indem sie ihre Eier während der kältesten Jahreszeit bebrüten. Im Gegensatz zu den Adeliepinguinen brüten sie jedoch auf der Eisfläche selbst, und zwar hauptsächlich auf den Festeisbereichen des Meereises, und sind damit die einzigen Vögel der Welt, die niemals einen Fuß an Land setzen.

Zwei weitere Arten, Kehlstreif- und Eselspinguine, besiedeln große Kolonien auf dem antarktischen Festland. Beide nisten auf dem nördlichsten Teil des Kontinents, auf der Antarktischen Halbinsel, die sogar über den Südlichen Polarkreis hinausreicht; sie brüten ferner auf einigen weiter nördlich gelegenen Inseln. Wie Adeliepinguine legen auch Esels- und Kehlstreifpinguine ihre Kolonien auf nacktem Felsuntergrund an und bauen ein Nest aus kleinen Steinen. Kehlstreifpinguine verlassen die Brutplätze im Mai und überwintern in nördlich vom Packeis gelegenen Regionen auf dem Meer. Auch die meisten Eselspinguine verbringen den Winter auf See, obwohl manche Vögel an den nördlicher gelegenen Brutplätzen ganzjährig in der Kolonie bleiben.

Die zweitgrößte Pinguinart, der Königspinguin, brütet auf Inseln der Subantarktis, und zwar von den Falklandinseln in östlicher Richtung bis zur

Macquarie-Insel, die direkt im Südwesten vor Neuseeland liegt. Die Vögel versammeln sich in riesigen Scharen auf den Küstenebenen und müssen von der Kolonie bis zum Meer oft nur einen kurzen Weg über den Strand zurücklegen. Im Frühherbst leben manchmal mehr als eine Million Vögel in einer Kolonie. Auch Königspinguine bebrüten ihr Ei, wie die nahe verwandten Kaiserpinguine, auf den Füßen, was ihnen erlaubt, fast überall zu brüten. Diese Tatsache hat sicherlich zum Erfolg der Art beigetragen.

Viele Brutinseln der Königspinguine werden auch von Felsen- und Goldschopfpinguinen bewohnt, die beide zu den Schopfpinguinen gehören. Ihre Verbreitungsgebiete erstrecken sich ebenfalls über die Subantarktis, sie verlassen ihre Brutplätze jedoch im Herbst und überlassen die Inseln den Königspinguinküken, die noch ihr Dunenkleid tragen. Felsenpinguine brüten außerdem in Südchile, rund ums Kap Hoorn, auf Inseln im unmittelbaren Süden von Neuseeland sowie auf der Insel Tristan da Cunha, die auf der Höhe von Buenos Aires mitten im Atlantik liegt. Goldschopfpinguine sind zwar nicht ganz so weit verbreitet, besitzen aber Kolonien, die ebenfalls in Chile und weiter im Süden liegen; einige brüten sogar auf der Antarktischen Halbinsel. Mit einem Brutbestand von fast zwölf Millionen Paaren sind Goldschopfpinguine die häufigsten Pinguine der Welt.

Die restlichen vier Arten der Schopfpinguine besiedeln Kolonien in und um Neuseeland. Der Haubenpinguin brütet zwar nur auf der Macquarie-Insel, doch diese Art ist sehr zahlreich und besitzt 57 Kolonien. Mit einer Gesamtpopulation von etwa 70 000 Vögeln ist der Snaresinselpinguin wesentlich seltener. Er brütet auf den namengebenden Snares-Inseln, einer kleinen Inselgruppe, die etwa 200 km südlich von Neuseeland liegt; diese Inseln sind mit Baum-Astern bedeckt, unter denen die kleinen Pinguine nisten.

Der Dickschnabelpinguin ist die seltenste Art unter den Schopfpinguinen; er brütet auf der Südinsel von Neuseeland in küstennahen dichten, niedrigtemperierten Regenwäldern. Die Nester liegen unter Büschen oder Felsblöcken. Dickschnabelpinguine sind wenig gesellig und bilden nur lockere Kolonien, in denen die Paare fast immer außer Sichtweite voneinander brüten. Auch an Land sind sie ungewöhnlich scheu und nachts wesentlich aktiver als tagsüber.

In diesem Teil der Welt sind drei weitere Pinguinarten beheimatet: Sclaterpinguine brüten auf den Antipoden und Bounty-Inseln südwestlich von Neuseeland sowie auf den Auckland-Inseln weiter westlich.

Auch der Gelbaugenpinguin nistet auf den Auckland-Inseln, außerdem auf den Campbell-Inseln, der Stewart-Insel und in abgelegenen Regionen auf der Südinsel von Neuseeland. Im Gegensatz zu den sechs Schopfpinguinarten, die auf dem Meer überwintern, bleibt der Gelbaugenpinguin

Oben: Die antarktischen Eisberge sind oft riesig, da sie vom Schelfeis abbrechen – in den arktischen Polargebieten hingegen entstehen Eisberge meistens aus kalbenden Gletschern.

Gegenüberliegende Seite, oben: An Orten mit gutem Nahrungsangebot finden sich oft mehrere Pinguinarten ein. Eselspinguine und Kehlstreifpinguine ruhen sich hier nach dem Beutefang auf einem Eisberg aus.

Gegenüberliegende Seite: Die Kolonien der Königspinguine sind ganzjährig besetzt. Diese Kolonien, wie hier auf Südgeorgien, reichen an manchen Orten sogar über Flüsse hinweg.

ganzjährig im Brutgebiet. Mit einem weltweiten Bestand von schätzungsweise weniger als 4000 Exemplaren sind Gelbaugenpinguine die seltenste Pinguinart überhaupt.

Der Gelbaugenpinguin ist nach Kaiserpinguin, Königs- und Eselspinguin die viertgrößte Art. Am andere Ende der Größenskala steht der Zwergpinguin, der kaum größer als die meisten Entenarten wird. Seine Brutverbreitung deckt sich teilweise mit der des Gelbaugenpinguins: Der Zwergpinguin nistet auf der Süd- und als einziger Pinguin auch auf der Nordinsel von Neuseeland, ferner rund um Tasmanien und, wiederum als einzige Pinguinart, auf dem australischen Festland; dort kommt er an vielen Teilen der Südküste vor. Während der Gelbaugenpinguin Platz braucht und kleine, aber individuelle Brutreviere besetzt, sind Zwergpinguine Koloniebrüter. Ihre Bruthöhlen liegen in 2–3 m Abstand zueinander.

Zwergpinguine sind zwar klein, doch keineswegs scheu. Manchmal nisten sie sogar in der Nähe menschlicher Siedlungen. Die am besten untersuchte australische Kolonie befindet sich im Nordhafen von Sydney. Zwergpinguine findet man auch bei Perth und bei Hobart, der Hauptstadt von Tasmanien.

Nicht nur Zwergpinguine legen in der Nähe von menschlichen Siedlungen Kolonien an: Brillenpinguine sind noch wagemutiger und wandern am Strand mitten durch die Badegäste oder besuchen sogar Privatgärten. Die Kolonie von Boulder's Beach in Simon's Town liegt in engster Nachbarschaft zu einer Stadt; sie ist nicht weit von Kapstadt, der legislativen Hauptstadt von Südafrika, entfernt.

Hier kann man sogar Pinguine auf der Straße sehen. Die meisten Brillenpinguine nisten auf vorgelagerten Inseln, wo sie nicht so stark von

Links: Boulder's Beach in Südafrika ist bei Pinguinen und Menschen beliebt. Die Pinguine sind zu einer Touristenattraktion geworden.

Gegenüberliegende Seite: Brillenpinguine verbringen ihre Zeit in großen Gruppen am Strand.

Oben: An Land bevorzugen Brillenpinguine die Wärme, doch die küstennahen Gewässer sind recht kalt. Dies liegt hauptsächlich am nordwärts fließenden Benguela-Strom, der oberflächennahes, nährstoffreiches Wasser aus dem Südpolarmeer zur südafrikanischen Küste transportiert.

Feinden (Prädatoren) bedroht sind. Brillenpinguine brüten außerdem in Namibia, auf See sind sie häufig weiter im Norden vor den Küsten von Angola, Kongo und Gabun anzutreffen.

Die Brillenpinguine gehören zur Gruppe der Streifenpinguine. Eine eng verwandte Art, der Magellanpinguin, lebt und brütet auf der anderen Seite des Atlantiks an der argentinischen Küste bis nach Feuerland. Wie die anderen Streifenpinguine halten sie sich aber eigentlich in gemäßigten und tropischen Klimazonen auf. Daher überwintern Magellanpinguine, die an südatlantischen Küsten brüten, in den Gewässern vor der brasilianischen Küste, während die in Chile am Südpazifik brütenden Magellanpinguine nördlich bis zur Küste von Peru ziehen.

Humboldt- und Galapagospinguine dringen am weitesten nach Norden vor. Der Humboldtpinguin brütet an den Küsten und auf vorgelagerten Inseln von Chile und Peru; der südlichste Teil seiner Brutverbreitung überlappt dabei mit der nördlichsten Grenze des Magellanpinguins, doch weitere Pinguinarten kommen an der südamerikanische Pazifikküste nicht vor.

Galapagospinguine sind nur auf den Galapagosinseln verbreitet, die unmittelbar südlich des Äquators vor der ekuadorianischen Küste liegen. Sie halten sich wie Humboldtpinguine ganzjährig in der Brutkolonie auf, da das Nahrungsangebot dort reichlich und beständig ist.

Oben: Felsenpinguine bevorzugen Felsklüfte über dem Meer und machen damit ihrem Namen alle Ehre.

Rechts: Felsenpinguine wandern vom Meer zu ihrem Brutplatz auf den Falklandinseln.

Kaiserpinguine verbringen ihr gesamtes Leben in oder auf dem Wasser. Ihre Brutkolonien befinden sich fast immer auf dem schwimmenden Festeisbereich, der das eigentliche antarktische Festland umgibt. Kaiserpinguinmännchen sind häufig die einzigen größeren Lebewesen, die auf der antarktischen Eisfläche überwintern. Während die Männchen sich in der bitteren Kälte zusammendrängen und ihr Ei beschützen, ziehen die Weibchen auf Nahrungssuche über weite Entfernungen zum Meer.

Links: Rund um das antarktische Festeis liegen kilometerweite schwimmende Packeisfelder, die außerhalb der Brutzeit zum bevorzugten Aufenthaltsort der Kehlstreifpinguine werden. Sie sind in den antarktischen Gewässern während der Winterzeit am zahlreichsten vertreten und dann wesentlich häufiger als alle hier lebenden Kaiser-, Adelie- und Eselspinguine zusammen.

Pinguine und ihre Feinde

Pinguine stehen am oberen Ende der Nahrungspyramide. Sie jagen nach Fischen, Tintenfischen und anderen Tieren, um zu überleben, werden jedoch selbst zum Opfer größerer Fressfeinde (Prädatoren). Auf Land- oder Eisflächen sind Pinguine relativ sicher, weil Landraubtiere dort fehlen, doch immer, wenn sie ins Wasser gehen, begeben sie sich in Gefahr.

Ein Raubtier der Antarktis ist besonders auf die Jagd nach Pinguinen spezialisiert und ernährt sich fast ausschließlich von ihnen: der Seeleopard. Seeleoparden lauern ihrer Beute am Rand der Eisfläche auf, wenn die Tiere ins Wasser gehen oder herauskommen. Häufig folgen sie unter der Eisoberfläche ihren Schatten, wenn Pinguine über dünnes Eis wandern, um dann durch die Eisfläche zu brechen und das überraschte Opfer zu packen. Seeleoparden sind furchteinflößende Raubtiere, die angeblich auch schon Menschen angegriffen und getötet haben. Die Weibchen sind größer als die Männchen und können über 3 m lang und fast 600 kg schwer werden.

Die ständige Bedrohung durch Seeleoparden hat einen deutlichen Einfluss auf das Verhalten von Pinguinen in antarktischen Gewässern. So halten sich Adeliepinguine niemals länger auf dünnem oder aufgebrochenem Eis auf, sondern passieren diese Stellen so schnell wie möglich. Außerdem halten sie Abstand vom Gewässerrand, da Seeleoparden plötzlich aus dem Wasser auftauchen und Pinguine von der Eisfläche schnappen.

Im Wasser selbst stürzen Seeleoparden sich auf Pinguine, die gerade zum Fischen ins Wasser springen. Die Robben verstecken sich dabei am Rand der Eisfläche und sind von oben kaum zu erkennen. Verständlich, dass antarktischen Pinguine daher nervös sind und immer sehr schnell und gruppenweise ins Wasser springen.

Auch bei der Rückkehr vom Fischzug lauern Gefahren: Adeliepinguine werden einzeln im Wasser angefallen. Da Kaiserpinguine häufig über Eislöcher ins Meer hinein- und hinausgelangen, wartet der Seeleopard neben dem Loch und überwältigt seine Beute, wenn sie aus dem Wasser emporschießt.

In der Antarktis sind Seeleoparden die Hauptfeinde der Pinguine, in anderen Regionen sind es andere große Robbenarten, die Pinguine jagen. Auf den Falklandinseln wurde beobachtet, dass Mähnenrobben aus der Brandung heraus Königspinguine vom Strand ergreifen. Hier leben

Rechts: Ein junger Seebär beäugt einen brütenden Kehlstreifpinguin. Pinguine fallen diesen Pelzrobben häufig zum Opfer, selten allerdings an Land, sondern eher im Meer, wo die Seebären besser manövrieren können.

außerdem Kerguelen-Seebären, die in Gruppen Jagd auf Pinguine machen und diese unter Wasser verfolgen und erlegen. Südlich von Neuseeland sind es die Neuseeland-Seelöwen, die eine ähnliche Jagdtechnik einsetzen.

Seebären oder Seelöwen stellen fast überall eine Gefahr dar. Südamerikanische Seebären kommen im Norden bis Peru vor, während Südafrikanische Seebären vor der Küste und den Inseln Südafrikas patrouillieren. Ein Meeresräuber ist jedoch allgegenwärtig und auch für Seebären (Pelzrobben) und Seelöwen eine Gefahr – der Schwertwal.

Schwertwale sind weltweit verbreitet und kommen überall dort vor, wo Pinguine brüten oder Nahrung suchen. Man kann diese großen Räuber als Spitze der marinen Nahrungspyramide ansehen, da sie von Schwarmfischen bis zu Walen alles jagen – es ist bekannt, dass sie sogar Weißhaie erlegt haben.

Schwertwale jagen gemeinsam, um große Tiere zu erbeuten, doch Pinguine scheinen für sie ein Häppchen zu sein. In der Nähe von Pinguinkolonien warten ganze Schwertwal-Schulen im Meer und schnappen die Vögel, wenn diese zur Nahrungssuche losziehen oder zurückkehren. Schwertwale können mit ihrer Beute fast wie eine Katze mit der Maus spielen. Gelegentlich werden erjagte Pinguine zum „Üben" für junge Schwertwale wieder freigelassen, damit diese die Jagdmethoden erlernen können. Sogar lebende Königspinguine wurden durch einen Schlag mit der Rückenfinne in die Luft geschleudert und hin- und hergeworfen.

Oben: Ein Galapagos-Seelöwe schlägt einen Fisch aufs Wasser, um ihn zu zerkleinern. Obwohl sich diese Art hauptsächlich von Fisch ernährt, erbeutet sie auch Pinguine, wenn sich die Gelegenheit ergibt.

Oben links: Eine männliche Mähnenrobbe greift Felsenpinguine auf den Falklandinseln an. Seelöwen sind eindrucksvolle Räuber mit furchterregenden Reißzähnen. Trotz ihrer Anpassungen an das Wasserleben können sie sich an Land erstaunlich schnell bewegen.

Das Meer ist zwar die natürliche Heimat der Pinguine, doch gleichzeitig ist es voller Gefahren. Da die strandnahen Bereiche besonders unsicher sind, versuchen die Vögel diese so rasch wie möglich zu durchqueren. Pinguine gehen außerdem nur sehr ungern in kleinen Gruppen ins Wasser – je größer die Gruppe, desto geringer ist die Wahrscheinlichkeit für das Einzelindividuum, erbeutet zu werden. Viele Augen sehen mehr als zwei und können verborgene Räuber besser entdecken; ein Einzeltier lässt sich zudem bei vielen durcheinanderwirbelnden Körpern schlechter herausgreifen und zur Strecke bringen. In den Adeliepinguinkolonien stehen die Vögel häufig in Gruppen am Ufer und warten, bis andere Koloniemitglieder scharenweise zurückkehren, um zu sehen, ob die „Luft rein ist", um dann selbst ins Wasser zu springen.

Pinguine bewegen sich zwar an Land sehr ungelenk, doch ausgerechnet dort sind erwachsene Pinguine am sichersten. Insbesondere in der Antarktis kommen keine größeren Landraubtiere vor, und die meisten Pinguine sind so groß, dass sie Angriffe aus der Luft abwehren können. Dies gilt allerdings nicht für ihre Eier und Küken.

Unten: Nach einem anstrengenden Jagdzug ruhen Seeleoparden sich auf einer Eisscholle aus. In der Antarktis sind sie die Hauptfeinde der Pinguine. Sie lauern den Vögeln auf, wenn diese ins Wasser springen oder herauskommen.

Möwen, Raubmöwen, Riesensturmvögel und andere Vogelarten plündern die Pinguinnester häufig aus und stehlen dabei Eier und geschlüpfte Junge. Auf den Falklandinseln und an den Südküsten Südamerikas kommt der Falkland-Karakara hinzu, eine Greifvogelart. In Südamerika werden die Kolonien von Graufüchsen und Kleinfleckkatzen heimgesucht, während die Gefahr in Afrika vorwiegend von Mangusten (*Ichneumons*) ausgeht. In Australien räubern Tigerottern und bestimmte Eidechsen die Nester der Zwergpinguine aus, die Nester der Galapagospinguine werden von Schlangen angegriffen. In diesem Gebiet werden die Eier sogar von einer Krebsart – der auffälligen Roten Klippenkrabbe – geraubt. Die schlimmsten Nesträuber sind jedoch meistens eingebürgert; Ratten und verwilderte Katzen haben zum Beispiel die Pinguinkolonien von Neuseeland dezimiert.

Oben: Seelöwen sind in vieler Hinsicht das Säugetierpendant zu Pinguinen und weisen ähnliche Anpassungen auf. Aufgrund ihrer Größe werden Seelöwen für Pinguine jedoch häufiger zum Feind als zum Nahrungskonkurrenten.

Rechts: Der Schwertwal ist einer der größten Räuber des Meeres. Zu seiner vielfältigen Beute gehören sogar andere Walarten und Weißhaie sowie die meisten Pinguinarten.

Pinguine der Welt

Viele Pinguine leben in der Antarktis, doch sie sind auch noch in verschiedenen anderen Regionen vertreten. Pinguine besiedeln die meisten kälteren Gewässer der Südhalbkugel und folgen den Strömen von kühlem, nährstoffreichem Oberflächenwasser nordwärts bis Afrika und zur Küste von Südamerika. Sogar auf den Galapagosinseln, die eigentlich wegen ihrer Finken und Riesenschildkröten berühmt sind, gibt es Pinguine.

Südamerikanische Pinguine

An den Stränden und auf den Inseln von Südamerika sind sieben Pinguinarten heimisch, drei davon kommen weltweit nur dort vor. Hier liegt der Schwerpunkt der Streifenpinguine, die insgesamt nördlichere Gewässer besiedeln als andere Arten.

Die größte und mit Abstand häufigste Art ist der Magellanpinguin. Er jagt kleine Fische, Krill und Tintenfische in oberflächennahen Gewässern. Dabei taucht er selten tiefer als 50 m. Magellanpinguine brüten rund um die Südspitze von Südamerika, einschließlich der Falklandinseln und Feuerland. Sie nisten bevorzugt in Erdhöhlen, die sie selbst graben. Ist dies nicht möglich, ziehen sie die Jungen oberirdisch auf. Einige ihrer Kolonien erstrecken sich über etliche Kilometer. Die meisten Kolonien der Magellanpinguine werden jahrelang immer wieder besetzt, sodass bestimmte Küstenabschnitte mit Bruthöhlen unterminiert sind. Im Winter ziehen Magellanpinguine in wärmere Gewässer nach Norden. Ein Teil der Vögel, die in Argentinien brüten, schwimmt nordwärts bis Brasilien; die Brutvögel der Pazifikküste verteilen sich bis nach Chile und in die Gewässer vor der peruanischen Küste.

Die Bestände der Magellanpinguine sind in den letzten Jahrzehnten zurückgegangen, da ihre Nahrungsgrundlage durch immer stärkeren Fischfang beeinträchtigt wurde. Trotzdem kommen sie rund um den Südteil von Südamerika noch zu Millionen vor. Nicht so gut ist es den Humboldtpinguinen ergangen, die nahe mit ihnen verwandt sind.

Humboldtpinguine haben ein großes Verbreitungsgebiet längs der südamerikanischen Pazifikküste, sie brüten von Algarrobo in Chile bis zur Isla Foca, die weit im Norden vor der Küste Perus liegt. Wie in allen Auftriebsgebieten gelangen mit dem Humboldtstrom Nährstoffe aus tiefen Ozeanbereichen ins Oberflächenwasser, sodass ein reiches Planktonleben gedeiht. Dieses bildete die Nahrungsgrundlage für riesige Sardellenschwärme und andere Fische; die Bestände wurden durch Überfischen allerdings stark dezimiert. Damit ging auch die Zahl der auf Fischfang angewiesenen Humboldtpinguine zurück. Heute sind weniger als 20 000 Exemplare übrig.

Wie ihre südlichen Vettern graben Humboldtpinguine gern Bruthöhlen, nisten jedoch auch im Freien. Ihre Brutgebiete zählen teilweise zu den heißesten und trockensten Gegenden der Welt, daher sind Humboldtpinguine eher an Wärme als an Kälte angepasst. Große Bereiche der Gesichtshaut

---

Rechts: An der Küste von Südamerika sind Magellanpinguine die häufigste Art. Sie kommen an den Küsten von Brasilien, Uruguay, Argentinien, Chile und Peru vor.

sind nackt und gut durchblutet, damit die Vögel bei großer Hitze Wärme an die Umgebung abgeben können.

Die nördliche Verbreitungsgrenze der Humboldtpinguine reicht unmittelbar bis zur ekuadorianischen Küste. Hier brütet keine eigene Pinguinart, wohl aber auf den zu Ekuador gehörenden Galapagosinseln: Wie zahlreiche Lebewesen dieser Inselgruppe kommen auch die Galapagospinguine ausschließlich hier vor. Sie halten sich ganzjährig rund um die Inseln auf und brüten hauptsächlich auf den Inseln Fernandina und Isabela, die nahe dem Äquator liegen.

Galapagospinguine sind die kleinste und am hellsten gefärbte Art der Streifenpinguine. Ihr Lebensraum, semiaride Inseln mit starker Sonneneinstrahlung, ist zwar stark tropisch geprägt, doch das umgebende Meer ist relativ kühl. Die Galapagosinseln sind vom aufströmenden Tiefenwasser des Cromwell-Stroms umgeben, der sehr nährstoffreich ist und normalerweise ein reiches Meeresleben garantiert; während der El-Niño-Jahre (Ereignisse, die mit einem anomalen Meeresstrom längs der peruanischen Küste einhergehen) wird der Cromwell-Strom jedoch blockiert, und die Fischbestände nehmen dramatisch ab. Davon sind auch alle Lebewesen, die sich von Fisch ernähren,

Oben: Felsenpinguine haben ein sehr großes Verbreitungsgebiet. Es gibt drei Unterarten, die hier abgebildete nistet rund um Kap Hoorn und auf den Falklandinseln.

Gegenüberliegende Seite: Der Humboldtpinguin unterscheidet sich vom häufigeren Magellanpinguin durch den fehlenden Bruststreifen. Leider ist der Bestand durch die Überfischung stark gefährdet.

Oben: Der Goldschopfpinguin brütet im äußersten Süden von Chile und Argentinien. Die Kolonien auf der Insel Südgeorgien, die 2090 km weiter im Osten liegt, sind jedoch mit Abstand am größten.

Rechts: Der Galapagospinguin ist der kleinste Vertreter der Streifenpinguine und lebt gleichzeitig von allen Pinguinarten am nördlichsten – er lebt fast am Äquator.

wie die Galapagospinguine, betroffen. Zurzeit nehmen ihre Bestandszahlen nach zwei schweren El-Niño-Jahren (1982–1983 und 1997–1998) wieder zu.

Der Galapagospinguin ist die zweitkleinste Pinguinart überhaupt und unter den südamerikanische Arten mit Abstand die kleinste. Königspinguine dagegen können als größte südamerikanische Art zehnmal so viel wiegen.

Königspinguine brüten auf den Falklandinseln und einigen weiter östlich gelegenen Inseln. Sie leben stärker pelagisch (auf dem Ozean) als die Schopfpinguine und ziehen bei der Nahrungssuche häufig weit aufs Meer hinaus. In ihren dicht bevölkerten Kolonien geht es stets laut zu, denn durch den ungewöhnlichen Brutzyklus gibt es ständig auch braune bedunte Küken, obwohl die Altvögel den größten Teil des Winters auf See verbringen.

Neben den Königspinguinen brüten auch die drei bisher nicht erwähnten südamerikanischen Pinguinarten auf den Falklandinseln: Eselspinguine bilden kleinere Kolonien, die selten über ein paar Hundert Paare hinausgehen. Im Gegensatz zu Königspinguinen bauen sie ein einfaches Nest; auf den Falklandinseln und Inseln, die auf ähnlicher Breite liegen, bleiben sie ganzjährig.

Die Felsenpinguine und Goldschopfpinguine leben auf den Falklandinseln, brüten aber auch auf dem Festland in Südchile und Südargentinien. Die Kolonien sind teilweise ungeheuer groß und zählen mehrere Hunderttausend Paare. Felsenpinguine sind die kleinste Art der Schopfpinguine, besitzen aber die größte Verbreitung. Neben Südamerika brüten sie auf Inseln im Süden Neuseelands und auf den meisten Inselchen, die zwischen Südamerika und Neuseeland liegen. Goldschopfpinguine sind zwar nicht ganz so weit verbreitet wie Felsenpinguine, doch mit einer Weltpopulation, die deutlich über 25 Millionen Tieren liegt, sind sie die häufigste Pinguinart überhaupt.

Oben: Königspinguinküken können bis zum Flüggewerden das Land nicht verlassen, sie verbringen den Winter in Kolonien und sind durch ihr dichtes Dunenkleid gegen Kälte geschützt.

Gegenüberliegende Seite: Die meisten Brutplätze der Königspinguine sind im Frühjahr und Sommer schneefrei; auch die Meeresgebiete, in denen sie jagen, sind gewöhnlich eisfrei.

Links: Eselspinguine kommen in kalten wie auch in wärmeren Gewässern vor. Sie brüten in der Antarktis und auf den meisten subantarktischen Inseln, die Falklandinseln eingeschlossen.

Links: Goldschopfpinguine am Rand ihrer Kolonie auf Südgeorgien. Der Goldschopfpinguin gehört mit seinem untersetzten Körper zu den größeren Schopfpinguinen, typisch ist der leuchtend rote Schnabel.

Afrikanische Pinguine

Die Vorstellung, dass Vögel, die wir mit Eisbergen assoziieren, an sonnigen Stränden leben können, erscheint etwas unwirklich, aber tatsächlich gibt es in Afrika Pinguine.

Nur eine einzige Pinguinart, der Brillenpinguin, ist ausschließlich auf diesem Kontinent heimisch. Er gehört zur Gruppe der Streifenpinguine (mit insgesamt vier Arten) und hat sich perfekt an die hier herrschenden Lebensbedingungen angepasst. Da Brillenpinguine die meiste Zeit in ihren Nisthöhlen oder auf offener See verbringen, macht ihnen die Hitze nicht allzu viel aus. Im offenen Gelände kühlen sie sich durch Hecheln ab.

Brillenpinguine brüten in Südafrika und Namibia; ein paar Kolonien befinden sich auf dem Festland, doch die meisten liegen auf sandigen küstennahen Inseln im Meer. Überall sind die Nester jedoch den Angriffen durch Dominikaner-Möwen und Heilige Ibisse ausgesetzt. Auf dem Festland werden sie ferner von Mangusten und Ginsterkatzen ausgeplündert, die Altvögel werden gelegentlich von Leoparden erlegt.

Die Verbreitung des Brillenpinguins ist eng mit dem Verlauf des Benguela-Stroms verbunden, der an der Südwestspitze Afrikas entlangfließt. Diese Meeresströmung hat ihren Ursprung im Südpolarmeer und befördert kaltes, nährstoffreiches Wasser nach Norden. Vor der Küste von Südafrika und Namibia trifft sie auf den warmen, südwärts fließenden Agulhas-Strom und vermischt sich damit, sodass Plankton gut wachsen kann.

Brillenpinguine ernähren sich vorwiegend von Schwarmfischen, insbesondere von Sardellen, Sardinen, Bastardmakrelen und Rundheringen, und bessern diese Kost mit Tintenfischen und Krebstieren auf. Die Nahrung wird meist im Flachwasser auf Tauchgängen erbeutet, die nur zwei bis drei Minuten dauern. Manchmal tauchen Brillenpinguine jedoch 100 m und tiefer, um Beute zu jagen. Je nach Nahrungsangebot sind die Fischzüge mehr oder minder ausgedehnt, in günstigen Zeiten werden insgesamt nur 32 km oder weniger zurückgelegt; wenn es jedoch wenig Fisch gibt, ziehen die Vögel gelegentlich bis zu 110 km weit. Die Fischzüge sind gewöhnlich kürzer, wenn Küken gefüttert werden müssen.

Ein Leben im warmen Klima bietet bestimmte Vorteile, zum Beispiel eine ganzjährige Brutzeit. Die Hauptbrutzeit dauert in Namibia von Dezember bis Januar, in Südafrika liegt sie etwas später und reicht von März bis Mai.

Rechts: In Afrika ist nur eine Pinguinart heimisch: der Brillenpinguin, der zu den Streifenpinguinen gehört. Wie die meisten Pinguine ist er sehr neugierig.

Oben: Auf den ersten Blick sehen Brillenpinguine den Magellanpinguinen sehr ähnlich – diese leben auf der anderen Seite des Atlantiks ungefähr in Höhe desselben Breitengrads.

Gegenüberliegende Seite: Dieser Brillenpinguin kehrt bei Sonnenaufgang von der Nahrungssuche aus dem Meer zurück. Die Rufe der Brillenpinguine erinnern an Eselsgeschrei, weshalb sie im Englischen auch „Jackass Penguins“ genannt werden.

Brillenpinguinküken werden von ihren Eltern bewacht, bis sie etwa 30 Tage alt sind. Zu diesem Zeitpunkt müssen beide Altvögel fast ständig jagen, um die Jungen ausreichend mit Futter zu versorgen. Während die Elternvögel auf See sind, bleiben die Jungvögel in Kindergärten.

Je nach Angebot und Qualität der Nahrung dauert es etwa zwei bis vier Monate, bis die Jungen flügge werden. Danach begeben sich die jungen Pinguine aufs Meer, erst nach einem Jahr oder später kehren sie zu ihrer Heimatkolonie zurück und mausern dort ins Federkleid der erwachsenen Vögel.

Alle Brillenpinguine mausern einmal pro Jahr. In dieser Zeit können sie weder schwimmen noch jagen, daher müssen sie vorher möglichst viel an Gewicht zugelegt haben. Die Mauser dauert etwa 20 Tage. Altvögel können währenddessen fast die Hälfte ihres Gesamtgewichts verlieren. Sobald sie dazu in der Lage sind, kehren sie wieder ins Meer zurück und bleiben etwa sechs Wochen auf See; dabei sind sie fast ständig auf Jagd, um ihr ursprüngliches Gewicht wiederzuerlangen.

Links: Brillenpinguine leben und brüten an der südafrikanischen Küste und auf den vorgelagerten Inseln. Die meisten Vögel verbringen ihr ganzes Leben in derselben Kolonie, einige wandern jedoch als Jungvögel aus und siedeln sich in anderen Kolonien an. Viele Brutpaare bleiben über mehrere Brutperioden zusammen; es sind Paare bekannt, die über zehn Jahre treu waren.

Antarktische Pinguine

Die Antarktis ist der kälteste Kontinent der Erde. Im Winter steigt die Sonne zwei Monate lang gar nicht über den Horizont. Schneestürme mit 200 km Windgeschwindigkeit peitschen über das Land, während das Thermometer auf -60 °C fallen kann.

Es ist kaum vorstellbar, wie man unter diesen Witterungsbedingungen überleben kann. Männliche Kaiserpinguine schaffen es dennoch, und das sogar ohne Nahrung. Auf ihren Füßen tragen sie ihren wertvollsten Besitz, ein einziges Ei, das sie dort bis zum Frühling bebrüten.

Kaiserpinguine sind die größte Pinguinart, und sie gehören zu den fünf Arten, die in der Antarktis brüten und ihre Jungen großziehen. Den anderen vier Arten, Goldschopf-, Adelie-, Esels- und Kehlstreifpinguin, gelingt es, Brut und Jungenaufzucht im kurzen antarktischen Frühling und Sommer abzuschließen. Sie verlassen den eisigen Kontinent im Herbst und verbringen den Winter auf dem Meer.

Kaiserpinguine sind aus hartem Holz geschnitzt, doch selbst sie könnten einen Antarktiswinter nicht allein überstehen. Sie schaffen dies nur, weil sie ein kooperatives Verhalten entwickelt haben, das im Tierreich fast ohnegleichen ist. Unverwandte Männchen, die jeweils ihr einziges Ei beschützen müssen, bilden eine Gemeinschaft. Sie drängen sich zum Wärmen und Schutz vor Schneestürmen zusammen und retten dabei nicht nur ihr eigenes Leben, sondern auch das der nächsten Generation.

Abwechselnd stehen die Tiere am Rand der Gruppe und bewegen sich dann wieder nach innen. Dieses Verhalten erscheint fast intelligent, als ob die Vögel wüssten, dass jeder sein Teil an schlechtem Wetter ertragen muss, wenn alle überleben sollen. Hier sehen wir außerdem ein Beispiel für augenscheinliches Gruppenverhalten, das sich aus der Reaktion von Individuen auf die jeweiligen Umweltbedingungen ergibt. Sobald er zum Rand der Gruppe gelangt, kühlt der Einzelvogel allmählich aus, und erst wenn ihm zu kalt ist, bewegt er sich von der windexponierten Seite der Gruppe weg zur Leeseite. Dabei werden die vorher windgeschützten Vögel zum neuen windexponierten Gruppenrand. Wenn diese ihrerseits ins Lee wandern, gelangen die Vögel, die sich bereits vorher zum Lee bewegt hatten, schließlich wieder in die Mitte der riesigen Gruppe.

Rechts: Kaiserpinguine sind typisch für die Antarktis, denn sie brüten nur auf dem Festeis, das den Kontinent umgibt. Andere Arten brüten zwar auch in der Antarktis, besiedeln jedoch zusätzlich Kolonien auf weiter nördlich gelegenen Inseln.

Die Weibchen der Kaiserpinguine verbringen die härtesten Wintermonate auf dem Meer. Wenn sie sich nach zwei Monaten auf den Rückweg machen, ist das Meereis noch immer sehr ausgedehnt, und es dauert lange, bis sie zu ihren Partnern und Küken gelangen.

Während sich die Eisfelder zurückziehen und die Küken größer werden, verbringen die Elternvögel immer mehr Zeit auf dem Meer und jagen für sich und die Jungen nach Nahrung. Die anderen antarktischen Pinguinarten kehren erst um diesen Zeitpunkt zum antarktischen Kontinent zurück und suchen ihren Weg durch das Treibeis, bis sie zu den Kolonien gelangen.

Adeliepinguine müssen am weitesten südwärts ziehen. Sie nisten fast rund um die antarktischen Küsten, sogar rund um das Rossmeer. Der Brutzyklus ist kurz: Von der Paarung bis zum Flüggewerden der Jungen vergehen keine fünf Monate. Dadurch wird der knappe antarktische Sommer bestens genutzt und sichergestellt, dass alle Jungen unabhängig sind und sich selbst versorgen können, bevor das Meereis die Küsten zurückerobert.

Oben: Aus der Gruppe der Schopfpinguine brütet nur der Goldschopfpinguin in der Antarktis. Er ernährt sich von Krill, Fisch und kleinen Tintenfischen und toleriert unterschiedliche Wassertemperaturen. Diese Anpassungsfähigkeit hat ihn zur erfolgreichsten und häufigsten Pinguinart gemacht.

Gegenüberliegende Seite: Heute gibt es mehr Adeliepinguine als früher – vor allem, weil die Nahrungskonkurrenz um den Krill abgenommen hat, da die Bartenwale durch Bejagung stark dezimiert wurden.

Kehlstreifpinguine (auch Zügelpinguine genannt) brüten auf der Antarktischen Halbinsel und den rund um die Antarktis gelegenen Inseln. Auf den Süd-Sandwich-Inseln leben über zehn Millionen Tiere – also fast zwei Drittel des Weltbestands; sie sind die zweithäufigste Pinguinart der Welt.

Kehlstreifpinguine brüten in felsigen Gegenden und bauen ein Nest aus kleinen Kieselsteinen. Die Kolonien befinden sich häufig an exponierten Standorten, da der Schnee dort zuerst abtaut und mehr Zeit für die Aufzucht der Jungen verbleibt.

Kehlstreifpinguine ernähren sich vorwiegend von Krill und kleinen Fischen. Sie suchen ihre Beute in küstennahen Packeisgebieten und entfernen sich bei der Nahrungssuche selten weit von der Kolonie. Die Antarktisbrüter ziehen im Winter weg, doch die weiter im Norden brütenden Vögel bleiben oft ganzjährig in der Nähe der Kolonie.

Oben: Kehlstreifpinguine sind die kleinste Pinguinart der Antarktis, sie brüten in riesigen Kolonien. Die größte liegt auf den Süd-Sandwich-Inseln und zählt schätzungsweise mehr als zehn Millionen Individuen – das ist mehr als die Bevölkerung von Los Angeles oder London.

Oben: Am Ende des Sommers sind die meisten Eselspinguine ziemlich rundlich. Das Unterhautfettgewebe dient gleichzeitig als Nahrungsreserve und Isolierschicht. Die auf der Antarktis brütenden Eselspinguine ziehen nach Norden, sobald sich die Eisdecke im Herbst wieder ausdehnt.

Eselspinguine, die größte Art der Langschwanzpinguine, sind die zweitgrößte Pinguinart, die in der Antarktis brütet. Wie die Kehlstreifpinguine bilden sie Kolonien auf der Antarktischen Halbinsel und den Süd-Sandwich-Inseln, nisten zudem aber auf einigen weiter nördlich gelegenen Inseln. Die Kolonien werden häufig verlegt und bestehen meist nur ein paar Jahre am selben Ort. Eselspinguine sind an Land recht beweglich und legen die Nester oft ein paar Kilometer vom Meer entfernt an.

Die fünfte Pinguinart der Antarktis sind die Goldschopfpinguine, die häufigste Art der Welt. Auch sie brüten auf der Antarktischen Halbinsel, sind jedoch häufiger auf den Inselketten rund um den Kontinent anzutreffen, die einige Hundert Kilometer nördlich liegen. Goldschopfpinguine erbeuten Fische, Tintenfische und Krill. Sie jagen in der Regel tagsüber, manchmal aber auch bei Nacht und tauchen nicht tiefer als 20 m.

Kaiserpinguine sind meisterhafte Überlebenskünstler. Da sie von geselliger Natur und bereit sind, ihre Körperwärme zu teilen, können sie auch extreme antarktische Schlechtwetterperioden überstehen. Die Kaiserpinguinküken schlüpfen zum Ende des südpolaren Winters im Juli. Sechs Monate später werden sie flügge und begeben sich auf den Weg zum Meer.

Australische und neuseeländische Pinguine

Die Fauna von Australasien ist außergewöhnlich. Insbesondere Neuseeland ist die Heimat vieler prachtvoller Vogelarten, die an keiner anderen Stelle der Welt vorkommen. Zu dieser einzigartigen Vogelwelt zählen auch der Gelbaugenpinguin und der Dickschnabelpinguin. Beide sind selten und brüten in Wäldern – eine weitere Besonderheit. Sie bilden lockere Kolonien und nisten unter den Wurzeln alter Regenwaldbäume.

Die Einwohnerzahl von Neuseeland ist nur gering; insbesondere die Südinsel, auf der beide Pinguinarten brüten, ist sehr dünn besiedelt. Durch europäische Einwanderer wurden jedoch Ratten und Katzen (mittlerweile verwildert) eingeführt, die sich ungehindert in den Wäldern ausbreiten konnten und die heimische bodenbrütende Vogelfauna über Jahrzehnte dezimiert haben; auch die Pinguine litten schweren Schaden.

Der Gelbaugenpinguin ist die größte Pinguinart dieser Region und stellt eine eigene Gattung dar. Leider ist er mit einer Gesamtpopulation von weniger als 4000 Individuen aber auch der seltenste Pinguin der Welt. Die Vögel verteilen sich auf sechs Kolonien: drei auf der Südinsel und drei weitere auf kleineren küstennahen Inseln. Gelbaugenpinguine sind nicht sehr wanderfreudig: Die Altvögel verbringen den größten Teil ihres Lebens in oder bei den Brutkolonien, die teils einen Kilometer oder mehr vom Meer entfernt liegen. Die Jungvögel ziehen in ihrem ersten Lebensjahr weiter auf dem Meer umher, kehren aber zur Heimatkolonie zurück, sobald sie fortpflanzungsreif sind.

Wie die meisten Pinguinarten sind auch Gelbaugenpinguine langlebig – wenn die Vögel einmal das Erwachsenenalter erreicht haben, können sie mindestens 20 Jahre alt werden. Die Partnertreue bei Gelbaugenpinguinen ist extrem hoch: Die Paare bleiben über Jahre zusammen und ziehen gemeinsame Junge auf; im Allgemeinen wird nur dann ein neuer Partner gesucht, wenn der alte Partner gestorben ist. Gelbaugenpinguine sind in Bezug auf die Nahrung nicht sehr wählerisch und verzehren diverse Fisch- und Tintenfischarten. Sie jagen meistens nur wenige Kilometer von der Kolonie entfernt, dabei unternehmen sie bis zu 200 Tauchgänge am Tag, und das bis zu 120 m tief.

Dickschnabelpinguine, die scheueste Art der Schopfpinguine, nisten auf der Stewart-Insel und an der Südwestküste von Neuseelands Südinsel, einer Gegend mit „ertrunkenen Flusstälern" und bewaldeten Steilfelsen. Erwachsene Tiere verlassen ihre Kolonie für einen Teil des Südpolarwinters, kehren im Juni

Rechts: Felsenpinguine kehren aus dem Meer zurück; mit ihren hellen, fast weißen Füßen wirkt diese Art besonders elegant und „adrett".

aber zur Balz zurück und beginnen anschließend zu brüten. Die Küken werden bereits mit zehn Wochen flügge und verbringen die nächsten fünf Jahre auf dem Meer; im fortpflanzungsfähigen Alter kommen sie zur Kolonie zurück.

Da die Lebensräume der Dickschnabelpinguine isoliert und schwer zugänglich sind, wurde diese Art bisher kaum erforscht. Es liegen nur wenige Informationen über ihre Ernährung und die genaue Größe der Gesamtpopulation vor. Sicher ist nur, dass sie selten sind und der Bestand möglicherweise nur um die 3000 Brutpaare zählt.

Gelbaugenpinguine und Dickschnabelpinguine sind exemplarisch für die schwierige Lage der endemischen (nur dort vorkommenden) Vogelarten Neuseelands, Zwergpinguine hingegen sind ein Beispiel für Erfolg unter widrigen Bedingungen. Diese kleinste Pinguinart brütet rund um die neuseeländische Küste und ist um Tasmanien und an der Südküste Australiens sogar noch häufiger. Der Weltbestand liegt bei weit über einer Million.

Zwergpinguine sind sehr ortsgebundene Vögel, die sich kaum von der Kolonie entfernen. Sie nisten hauptsächlich in selbst gegrabenen Höhlen, die in Sanddünen oder lockerem Erdreich mit Pflanzenbewuchs angelegt werden; mancherorts brüten sie auch in Felsspalten oder -höhlen. Zwergpinguine

Oben: Die gegenseitige Gefiederpflege dient den Partnern zur Festigung der Paarbindung; dabei lassen sich gleichzeitig Zecken und andere Ektoparasiten, die aus dem Nest stammen, entfernen. Hier putzen sich Gelbaugenpinguine, die nur auf Neuseeland und den vorgelagerten Inseln vorkommen.

Rechts: Vier Zwergpinguine watscheln über die North Curl Beach bei Sydney in Australien. Ein ungewöhnlicher Anblick, da die Pinguine tagsüber kaum außerhalb ihrer Bruthöhlen oder des Wassers anzutreffen sind. Zwergpinguine werden wegen ihrer typischen Gefiederfärbung im Englischen auch als „Blaupinguine" bezeichnet.

Unten: Der gefährdete Dickschnabelpinguin ist relativ wenig bekannt. Er nistet in den Wäldern von Südwestneuseeland und muss über Felsstrände klettern, um seine Brutplätze zu erreichen. Seit Ratten und Katzen durch europäische Siedler eingeschleppt wurden, haben seine Bestandszahlen stark abgenommen, wie bei anderen flugunfähigen Vögeln Neuseelands.

nisten selbst in städtischen Gegenden. Eine Population in Victoria hat sogar einen Wellenbrecher besiedelt, der 1956 errichtet wurde.

Zwergpinguine, die kleinsten Pinguine der Welt, werden wegen ihrer Gefiederfarbe im Englischen auch als „Blue Penguins" („Blaupinguine") bezeichnet. Das Federkleid der Jungtiere ist fast identisch mit dem der Alttiere, was für Vögel ungewöhnlich ist. Die normalerweise klare Abgrenzung zwischen Rücken- und Brustgefieder ist hier zwar vorhanden, aus der Entfernung betrachtet scheinen die schiefergrauen und reinweißen Gefiederanteile jedoch eher ineinander überzugehen.

Zwergpinguine erbeuten vor allem kleine Fische. Tagsüber halten sie sich in ihren Höhlen oder auf dem Meer auf und wagen sich erst bei der Morgen- und Abenddämmerung ins offene Gelände. Deshalb sieht man sie nur selten, doch aufgrund ihrer lautstarken Rufe sind sie umso öfter zu hören. Nachts kann es in den Kolonien trillern, schnarren oder pfeifen. Auch auf See halten Zwergpinguine untereinander durch bellende Rufe Kontakt.

Drei Schopfpinguinarten kommen gleichfalls nur in Australasien vor, keine davon brütet jedoch in Australien oder Neuseeland selbst. Die bei weitem häufigste Art, der Haubenpinguin, nistet nur auf der Macquarie-Insel, die etwa

Oben: Der Snaresinselpinguin nistet auf den Snaresinseln unmittelbar südlich von Neuseeland. Er ähnelt dem nahe verwandten Dickschnabelpinguin, der sich nur durch eine etwas hellere gelbe Haube und einen kleinen weißen Wangenfleck unterscheidet.

auf halbem Weg zwischen Tasmanien und Antarktis liegt. Haubenpinguine sind die größten Schopfpinguine und die einzige Art mit einem weißen Gesicht. Sie brüten zwar nur auf einer einzigen Insel, verteilen sich aber im Winter über das Meer. Im Frühjahr kehren fast zwei Millionen Haubenpinguine auf die Macquarie-Insel zurück und brüten dicht gedrängt in 57 Kolonien.

Der Sclater- oder Kronenpinguin ist etwas kleiner als der Haubenpinguin und brütet südöstlich von Neuseeland auf zwei Inselgruppen, den Antipoden und den Bounty-Inseln. Die Population zählt etwa eine Million Vögel.

Die Brutpopulation des Snaresinselpinguins liegt nur bei etwa 33 000 Paaren. Die geringe Größe dieses recht stabilen Bestandes ist vor allem durch das kleine Brutgebiet bedingt. Die Snares-Inseln sind insgesamt nur etwa 250 ha groß und der einzige Ort, wo sich Brutkolonien angesiedelt haben.

Die letzte australasische Pinguinart, der Felsenpinguin, ist gleichzeitig die einzige Art, die auch außerhalb der Region vorkommt. Er brütet auf der Macquarie-Insel und auf den Antipoden gemeinsam mit den Hauben- und Sclaterpinguinen; auf der Campbell-Insel und den Auckland-Inseln südlich von Neuseeland nistet er in der Nachbarschaft von Gelbaugenpinguinen.

Die meisten Felsenpinguinkolonien sind riesig und sehr dicht bevölkert, manchmal kommen drei Nester auf 1 m^2. Die Kolonien befinden sich häufig in Schluchten; bei der Rückkehr zum Nest hüpfen und klettern die Vögel durch felsiges Gelände und machen ihrem Namen so alle Ehre.

Links: Der Sclaterpinguin besitzt wie sein kleinerer Vetter, der Felsenpinguin, leuchtend rote Augen und einen kurzen orangeroten Schnabel. Sein Verbreitungsgebiet ist jedoch wesentlich kleiner, denn er brütet nur auf ein paar Inseln südlich von Neuseeland.

Unten: Haubenpinguine drängen sich zwischen den Horsten von Tussock-Gras zusammen. Die gesamte Weltpopulation von etwa zwei Millionen Haubenpinguinen nistet auf der Macquarie-Insel, einem kleinen australischen Protektorat, das im äußersten Südwesten des Pazifischen Ozeans liegt.

Übersichtstabelle

Art	Kaiserpinguin	Königspinguin	Eselspinguin	Gelbaugenpinguin	Haubenpinguin	Magellanpinguin	Goldschopfpinguin	Adeliepinguin
wissenschaftlicher Name	*Aptenodytes forsteri*	*Aptenodytes patagonicus*	*Pygoscelis papua*	*Megadyptes antipodes*	*Eudyptes schlegeli*	*Spheniscus magellanicus*	*Eudyptes chrysolophus*	*Pygoscelis adeliae*
Unterarten	keine	*A. p. patagonicus* und *A. p. halli*	*P. p. papua* und *P. p. ellsworthii*	keine	keine	keine	keine	keine
Durchschnittslänge	115 cm	95 cm	78 cm	72 cm	70 cm	70 cm	70 cm	70 cm
Körpergewicht	25–38 kg	12–16 kg	4,5–6,5 kg	4,2–8,5 kg	4–8 kg	3,75–6,5 kg	3,6–6,4 kg	3,9–5,3 kg
typische Merkmale	groß, orangefarbene Ohrflecken, gelbe Oberbrust	groß, Rücken heller grau als beim Kaiserpinguin, Ohrflecken stärker orange gefärbt	weiße, am Hinterhaupt zusammenlaufende „Augenbrauen", bürstenförmiger Schwanz, weitgehend orangefarbener Schnabel	gelbe Augen, gelber kopfumfassender Federkranz	gelbe Haube und weitgehend orangefarbener Schnabel; der einzige Pinguin mit Schopf und weißem Gesicht	schwarzes Bauch- und Brustband, schwarze Rückenfedern laufen nach vorne zu schwarzem Halsband zusammen, weißer Fleck an der Schnabelbasis	schwarzes Gesicht und weitgehend orangefarbener Schnabel, von der Stirn ausgehender kleiner gelber Schopf	Kopf und kurzer stumpfer Schnabel vollständig schwarz, weißer Augenring
Bestandsgröße	400 000	2,5 Millionen	700 000	unter 4000	2 Millionen	1,8 Millionen	mindestens 24 Millionen	6 Millionen
Gelegegröße	1	1	2	2	2	2	2	2
Bebrütungsdauer	64–67 Tage	etwa 55 Tage	etwa 34 Tage	39–51 Tage	30–40 Tage	etwa 40 Tage	etwa 35 Tage	30–40 Tage
Brutverbreitung	antarktisches Festland	von Kap Hoorn ostwärts bis zur Macquarie-Insel – nicht südlich von 60 Grad südlicher Breite	Antarktische Halbinsel und die meisten subantarktischen Inseln	Stewart-Insel, Auckland-Inseln und Campbell-Insel, Südteil der Südinsel von Neuseeland	Macquarie-Insel	Südargentinien, Feuerland, Südchile, Falklandinseln	Antarktische Halbinsel und die meisten subantarktischen Inseln	antarktisches Festland und einige subantarktische Inseln
marine Verbreitung	Südpolarmeer	Südpolarmeer, Südatlantik, südlicher Indischer Ozean	Südpolarmeer, Südatlantik und südlicher Indischer Ozean	äußerster Südwesten des Pazifiks, südlich von Neuseeland	äußerster Südwesten des Pazifiks und äußerster Südosten des Indischen Ozeans	äußerster Südwesten des Pazifiks und äußerster Südosten des Pazifiks	Südpolarmeer, Südatlantik, äußerster Südosten des Pazifiks und südlicher Indischer Ozean	Südpolarmeer
Nahrung	hauptsächlich Tintenfische und Fische, auch Krill	hauptsächlich Tintenfische und Fische, auch Krill	Krill und andere Krustentiere, Fische und Tintenfische	hauptsächlich Fische, auch Tintenfische	hauptsächlich Fische, auch Krill und Tintenfische	Fische, Krill und Tintenfische	Krill, Fische und Tintenfische	hauptsächlich Krill, auch kleine Fische und Tintenfische
maximale Tauchtiefe	565 m	325 m	212 m	120 m	50 m	90 m	80 m	175 m
durchschnittliche Schwimmgeschwindigkeit	8,5–12 km/h	7,5 km/h	6 km/h	unbekannt	unbekannt	7,5 km/h	7,5 km/h	7,5 km/h
Fressfeinde	Seeleopard, Kerguelen-Seebär, Schwertwal	Mähnenrobbe, Südamerikanischer Seebär, Kerguelen-Seebär, Subantarktischer Seebär, Schwertwal	Seeleopard, Mähnenrobbe, Südamerikanischer Seebär, Subantarktischer Seebär, Schwertwal	Neuseeland-Seelöwe, Neuseeland-Seebär, Schwertwal, Haie	Neuseeland-Seelöwe, Neuseeland-Seebär, Schwertwal, Haie	Mähnenrobbe, Südamerikanischer Seebär, Schwertwal, Haie	Seeleopard, Mähnenrobbe, Südamerikanischer Seebär, Kerguelen-Seebär, Subantarktischer Seebär, Schwertwal	Seeleopard, Kerguelen-Seebär, Subantarktischer Seebär, Schwertwal
durchschnittliche Lebenserwartung	20 Jahre	20 Jahre	15 Jahre	15 Jahre	10 Jahre	16 Jahre	12 Jahre	16 Jahre
Gefährdungsstatus	stabil	stabil, Bestand zunehmend	stabil	stark gefährdet	stabil	langsam abnehmend	stabil, Bestand zunehmend	stabil

Brillenpinguin	**Kehlstreifpinguin Zügelpinguin**	**Sclaterpinguin Kronenpinguin**	**Humboldtpinguin**	**Snaresinsel-pinguin**	**Dickschnabel-pinguin**	**Felsenpinguin**	**Galapagospinguin**	**Zwergpinguin**
Spheniscus demersus	*Pygoscelis antarctica*	*Eudyptes sclateri*	*Spheniscus humboldti*	*Eudyptes robustus*	*Eudyptes pachyrhynchus*	*Eudyptes chrysocome*	*Spheniscus mendiculus*	*Eudyptula minor*
keine	keine	keine	keine	keine	keine	*E. c. chrysocome, E. c. filholi* und *E. c. moseleyi*	keine	*E. m. albosignata, E. m. chathamensis, E. m. iredalei, E. m. minor, E. m. novaehollandiae* und *E. m. variabilis*
70 cm	68,5 cm	67 cm	65 cm	56 cm	55 cm	55 cm	53 cm	42 cm
2,4–4 kg	3,4–5 kg	2,9–6,35 kg	3,5–5,9 kg	2,6–4,3 kg	2,5–4,9 kg	2,3–4,5 kg	1,7–2,6 kg	0,8–1,3 kg
ähnlich Magellanpinguin, aber ohne dunkles Halsband und weißen Schnabelfleck	weißes Gesicht mit dunklem Kehlstreif	auffälliger hellgelber bürstenförmiger Schopf, der sich vom Schnabel-ansatz bis zum Hinterhaupt zieht	nackter Hautfleck an der Schnabelbasis, ohne dunkles Halsband oder Bauch- und Brustband	kompakter gelber Schopf, der sich vom Schnabel-ansatz bis zum Hinterhaupt zieht, weißer Fleck an der Schnabelbasis (im Schnabelwinkel)	ähnelt dem Snaresinsel-pinguin, aber mit kleinem weißem Federfleck unter jedem Auge	der kleinste Schopfpinguin mit dem kürzesten Schnabel, gelbe Augenbrauen-federn sind vom Rest des Schopfs abgesetzt	schwach ausgebil-detes Halsband, Bauch mit ver-streuten schwarzen Punkten, im Ver-gleich zu anderen Streifenpinguinen wenig weiße Gesichtszeichnung	klein, mit fast blauem Gefieder auf Rücken und Kopf, silbergraue Augen mit klar ausgebildeten Pupillen und durchdringendem Blick
200 000	18 Millionen	800 000	unter 20 000	70 000	7000–10 000	7 Millionen	10 000	1,2 Millionen
2	2	2	2	2	2	2	2	2
etwa 40 Tage	etwa 37 Tage	etwa 35 Tage	40–42 Tage	31–37 Tage	30–36 Tage	etwa 33 Tage	38–40 Tage	33–39 Tage
Südafrika, Namibia und küstennahe Inseln	Antarktische Halbinsel und subantarktische Inseln	Antipoden, Bounty-Inseln, Auckland-Inseln	Chile und Peru	Snares-Inseln vor der Südinsel von Neuseeland	Südwestküste der Südinsel von Neuseeland und die nahe gelegene Stewart-Insel	Inseln rund um die Antarktis zwischen 37 und 53 Grad südlicher Breite	Galapagosinseln	Südaustralien, Tasmanien, Neuseeland und vorgelagerte Inseln
südöstlicher Atlantik und äußerster Südwesten des Indischen Ozeans	Südpolarmeer und äußerster Süden des Atlantiks, Pazifiks und Indischen Ozeans	äußerster Südwesten des Pazifiks	küstennahe Gewässer in der Nähe der Brutkolonien, dem Humboldtstrom folgend	äußerster Südwesten des Pazifiks	äußerster Südwesten des Pazifiks	südlicher Atlantik, südlicher Pazifik und südlicher Indischer Ozean	Gewässer unmittelbar um die Galapagosinseln	Gewässer in der Nähe der Brutkolonien
kleine Fische, seltener Tintenfische	hauptsächlich Krill, auch kleine Fische	Fische und Krill	kleine Fische, Tintenfische und Krustentiere	hauptsächlich Krill, auch Tintenfische und kleine Fische	hauptsächlich Tintenfische, auch Krustentiere und kleine Fische	hauptsächlich Krill und andere Krustentiere, auch kleine Fische	kleine Fische und Krustentiere	kleine Fische und Tintenfische
130 m	180 m	unbekannt	55 m	unbekannt	unbekannt	170 m	32 m	70 m
5 km/h	8,5 km/h	unbekannt	5 km/h	unbekannt	unbekannt	7,5 km/h	unbekannt	7 km/h
Südafrikanischer Seebär, Schwertwal, Haie	Seeleopard, Kerguelen-Seebär, Subantarktischer Seebär, Schwertwal	Neuseeland-Seelöwe, Neuseeland-Seebär, Schwertwal, Haie	Südamerikani-scher Seebär, Mähnenrobbe, Schwertwal, Haie	Neuseeland-Seelöwe, Neuseeland-Seebär, Schwertwal, Haie	Neuseeland-Seelöwe, Neuseeland-Seebär, Schwertwal, Haie	Mähnenrobbe, Südamerikani-scher Seebär, Subantarktischer Seebär, Neuseeland-Seelöwe, Neuseeland-Seebär, Schwertwal, Haie	Galapagos-Seelöwe, Galapagos-Seebär, Haie	Australischer Seelöwe, Neuseeland-Seelöwe, Neuseeland-Seebär, Haie
11 Jahre	13 Jahre	unbekannt	16 Jahre	unbekannt	unbekannt	10 Jahre	unbekannt	7 Jahre
gefährdet	stabil	stabil	gefährdet	stabil	gefährdet	stabil	gefährdet	stabil

Register

Abbildungsnachweis

© Corbis:
Theo Allofs/Corbis: 19, 66–67, 69 *(oben)*, 85.
Tom Brakefield/Corbis: 16 *(unten)*, 28 *(links)*, 62-63.
John Conrad/Corbis: 38.
Tim Davis/Corbis: 8–9, 22–23, 25 *(oben)*, 29, 39, 42–43, 64–65, 80–81, 83, 86–87.
David Gray/Reuters/Corbis: 91 *(oben)*.
Martin Harvey, Gallo Images/Corbis: 76.
Jon Hicks/Corbis: 50–51 *(Mitte)*.
Gallo Images/Corbis: 33 *(oben)*, 74–75.
Peter Johnson/Corbis: 56–67, 60 *(links)*.
Wolfgang Kaehler/Corbis: 10, 20–21, 30–31, 34, 40–41, 52–53, 58–59, 68, 69 *(unten rechts)*, 82, 84, 88–89, 92, 93 *(unten)*.
Joe McDonald/Corbis: 36.
Rick Price/Corbis: 6–7, 12–13.
Kevin Schafer/Corbis: 2–3, 18 *(oben)*, 26–27, 33 *(unten)*, 35, 44–45, 71, 90.
Paul A. Souders/Corbis: 14–15, 37 *(links)*, 72–73.
Keren Su/Corbis: 46–47.
Roger Tidman/Corbis: 78–79.
Onne van der Wal/Corbis: 10–11 *(unten)*.
Winfred Wisniewski, Frank Lane/Corbis: 54–55.

© iStockphoto.com:
Giovanni Antico: 50 *(links)*.
Graham Bedingfield: 77.
Nick Byrne: 5 *(Mitte)*, 8.
Pete Favelle: 48.
Torsten Karock: 51 *(rechts)*.
Andrea Leone: 47 *(rechts)*.
Stephen Martin 93 *(oben)*.
Nancy Nehring: 28 *(rechts)*, 60 *(oben)*.
Thomas O'Neil: 5 *(oben)*, 32.
Chris Oxendine: 24 *(oben)*.
Vladimir Pomortsev: 69 *(unten links)*.
Patrick Roherty: 37 *(rechts)*, 49 *(unten)*, 52 *(links)*.
Dennis Sabo: 62.
Wolfgang Schoenfield: 27 *(rechts)*, 61, 70 *(oben)*.
Silense: 5 *(unten)*.
Vance Smith: 24-25 *(unten)*.
Jose Tejo: 49 *(oben)*.
Geoff Whiting: 16 *(oben)*.
Neil Wigmore: 34 *(unten)*.
Jan Will: 17 *(links)*.

© Tracy Rich/ARWP Ltd: 1, 11 *(oben)*, 17 *(rechts)*, 18 *(unten)*, 41 *(rechts)*, 70 *(unten)*.

© Simon Meeds: 91 *(unten)*.

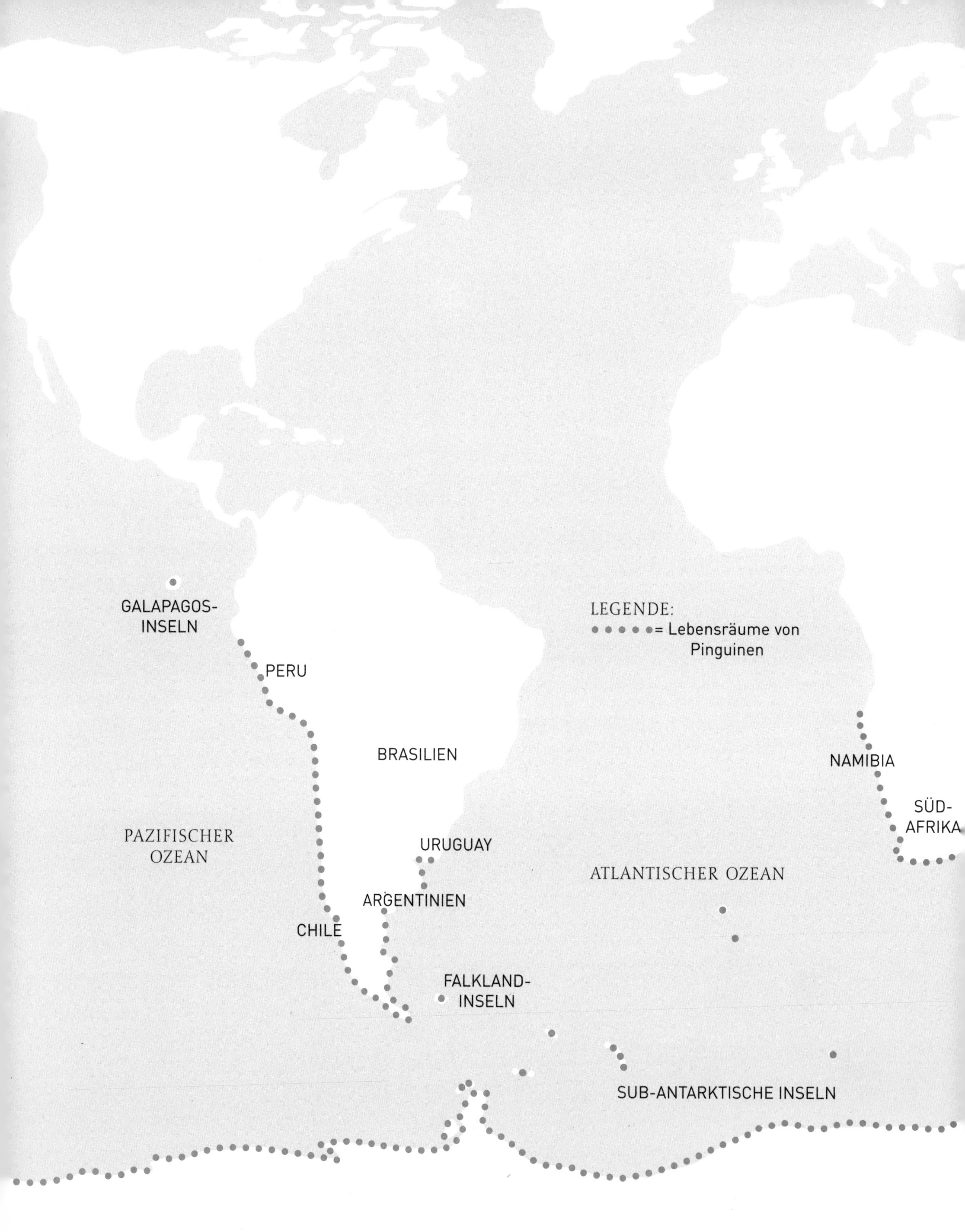
GALAPAGOS-
INSELN
LEGENDE:
= Lebensräume von Pinguinen
PERU
BRASILIEN
NAMIBIA
SÜD-
AFRIKA
PAZIFISCHER
OZEAN
URUGUAY
ATLANTISCHER OZEAN
ARGENTINIEN
CHILE
FALKLAND-
INSELN
SUB-ANTARKTISCHE INSELN